Combinaison jachères améliorées précoces et engrais minéraux

Kossi Dodji Apedo

Combinaison jachères améliorées précoces et engrais minéraux

pour la gestion de la fertilité des sols et l'amélioration du rendement du maïs (Zea mays L.)

Presses Académiques Francophones

Impressum / Mentions légales
Bibliografische Information der Deutschen Nationalbibliothek: Die Deutsche Nationalbibliothek verzeichnet diese Publikation in der Deutschen Nationalbibliografie; detaillierte bibliografische Daten sind im Internet über http://dnb.d-nb.de abrufbar.
Alle in diesem Buch genannten Marken und Produktnamen unterliegen warenzeichen-, marken- oder patentrechtlichem Schutz bzw. sind Warenzeichen oder eingetragene Warenzeichen der jeweiligen Inhaber. Die Wiedergabe von Marken, Produktnamen, Gebrauchsnamen, Handelsnamen, Warenbezeichnungen u.s.w. in diesem Werk berechtigt auch ohne besondere Kennzeichnung nicht zu der Annahme, dass solche Namen im Sinne der Warenzeichen- und Markenschutzgesetzgebung als frei zu betrachten wären und daher von jedermann benutzt werden dürften.

Information bibliographique publiée par la Deutsche Nationalbibliothek: La Deutsche Nationalbibliothek inscrit cette publication à la Deutsche Nationalbibliografie; des données bibliographiques détaillées sont disponibles sur internet à l'adresse http://dnb.d-nb.de.
Toutes marques et noms de produits mentionnés dans ce livre demeurent sous la protection des marques, des marques déposées et des brevets, et sont des marques ou des marques déposées de leurs détenteurs respectifs. L'utilisation des marques, noms de produits, noms communs, noms commerciaux, descriptions de produits, etc, même sans qu'ils soient mentionnés de façon particulière dans ce livre ne signifie en aucune façon que ces noms peuvent être utilisés sans restriction à l'égard de la législation pour la protection des marques et des marques déposées et pourraient donc être utilisés par quiconque.

Coverbild / Photo de couverture: www.ingimage.com

Verlag / Editeur:
Presses Académiques Francophones
ist ein Imprint der / est une marque déposée de
OmniScriptum GmbH & Co. KG
Heinrich-Böcking-Str. 6-8, 66121 Saarbrücken, Deutschland / Allemagne
Email: info@presses-academiques.com

Herstellung: siehe letzte Seite /
Impression: voir la dernière page
ISBN: 978-3-8416-2757-5

REMERCIEMENTS

La présente étude dont les travaux se sont déroulés au Centre d'Expérimentation Agronomique de l'Ecole Supérieure d'Agronomie de Lomé, est le résultat de la contribution morale, matérielle et financière de plusieurs personnalités dont nous voulons ici saluer le courage et la volonté.

Que toutes celles et tous ceux qui ont contibué aux travaux de terrain, à l'analyse statistique et au traitement des données agronomiques et pédologiques, à la rédaction de cet ouvrage, trouvent ici l'expression de notre gratitude.

SOMMAIRE

LISTE DES TABLEAUX

LISTE DES FIGURES

LISTE DES PHOTOS D'ILLUSTRATION

LISTE DES DOCUMENTS JOINTS EN ANNEXE

LISTES DES ABREVIATONS

AFNETA	:	Alley Farming Network for Tropical Africa
ANAFE	:	African Network for Agroforestry Education
APAF	:	Association pour la Promotion de l'Agroforesterie
CEC	:	Capacité d'Echange Cationique
CEE	:	Communauté Economique Européenne
CIRAD	:	Centre de Coopération Internationale en Recherche Agronomique pour le Développement
CTA	:	Centre Technique de Coopération Agricole et Rurale
CV	:	Coefficient de variation
DSID	:	Direction des Statistiques Agricoles, de l'Information et de Documentation
ESA	:	Ecole Supérieure d'Agronomie
FAO	:	Food and Agricultural Organisation
ICRAF	:	International Council for Research in Agroforestry (Centre International pour la Recherche en Agroforesterie
IFA	:	International Fertilizer Industry Association
IFDC	:	Centre International de la fertilité des sols et du Développement Agricole
IITA	:	International Institute of Tropical Agriculture (Institut International d'Agriculture Tropicale)
INRAB	:	Institut National de Recherche Agronomique du Bénin
IRD	:	Institut de Recherche pour le Développement (ex ORSTOM)
ITRA	:	Institut Togolais de Recherche Agronomique
K	:	Potassium
KCl	:	Chlorure de Potassium
LUM	:	Ligneux à Usages Multiples
JA	:	Jachère améliorée
MO	:	Matière Organique
N	:	Azote
NS	:	Non Significatif
P	:	Phosphore

PPDS	:	Plus Petite Différence Significative
S	:	Significatif
TSP	:	Triple Super Phosphate
Test F	:	Test de Fisher
UL	:	Université de Lomé

RESUME TECHNIQUE

Face aux problèmes de dégradation des sols, de baisse de rendements des cultures vivrières, de pénurie de bois et de fourrage dans la Région Maritime du Togo, des chercheurs de la section locale du réseau ANAFE ont débuté, depuis quelques années la réalisation d'essais qui visent la réhabilitation de la fertilité des sols dégradés par l'utilisation des légumineuses arbustives fertilisantes.

L'expérimentation dont le présent document rapporte les résultats, a consisté à faire ressortir l'influence des jachères améliorées de courtes durées, avec ou sans association d'engrais minéraux, sur la fertilité d'un sol ferrallitique dégradé et le rendement du maïs. Les essais ont montré que :

(i)   sans fumure minérale, la jachère améliorée contribue à relever le niveau de fertilité du sol, et est de ce fait susceptible d'augmenter le rendement en grain du maïs de 379 % par rapport à un témoin absolu développé sur jachère graminéenne ;

(ii) associée à la fumure minérale, la jachère améliorée agit davantage positivement sur la fertilité du sol et occasionne un accroissement du rendement en grain du maïs de 20 % par rapport à un témoin relatif développé sur jachère améliorée sans fumure minérale ;

(iii) les meilleurs effets sur la fertilité du sol et le rendement en grain du maïs sont obtenus au niveau de la jachère améliorée de 2 ans associée à la fumure minérale à la dose de $N_{38}P_{15}K_{30}$.

Mots Clés

Jachère améliorée, fumure minérale, maïs, fertilité du sol, légumineuses arbustives fertilisantes, Togo

TECHNICAL ABSTRACT

In light of the continued degradation of ground, decline of crop yields decrease and shortages of fuel wood and fodder in Maritime Region of Tgo, some researchers of Togo section of ANAFE network have began studies that aim at rehabilitating degradated soil by using fertilising shrubs legumen. Our work is a component of these studies.

The experiments consisted of determining the effect of short duration improved fallow with or without mineral fertilizer effect on ferralitic degradated soil fertility and the maize yields.

The results of our study showed that:

(i)   the improved fallow without mineral fertilizer increased soil fertility; this condition allow to obtain 379% increase in maize yields compared with the natural grass fallow;

(ii)   the improved fallow with mineral fertilizer contribute more positively fertility; this condition permit to obtain 20 per cent as increase of maize yields in comparison with the improved fallow without mineral fertilizer;

(iii)   the 2 years improved fallow with mineral fertilizer ($N_{38}P_{15}K_{30}$) produce the best effect on soil fertility and maize yields.

Key words

Improved fallow, mineral fertilizer, maize, soil fertility, fertilizing shrubs leguminen, Togo.

INTRODUCTION

La baisse de fertilité des sols constitue une contrainte majeure pour l'agriculture en Afrique subsaharienne. Autrefois, les paysans y remédiaient par la mise en jachère de longue durée des parcelles (10 ans et plus). Mais aujourd'hui, en raison de l'expansion démographique à l'origine d'une forte pression foncière, on observe une réduction considérable de la durée de la jachère. Cette situation a pour conséquence la raréfaction des terres fertiles.

Si l'utilisation des engrais chimiques permet de remédier à cette situation, on constate que leur adoption est limitée à cause du coût, surtout pour une culture comme le maïs dont les circuits de commercialisation ne sont pas encore bien établis (N'GORAN, 1995).

L'une des préoccupations majeures des agriculteurs, des Organisations Gouvernementales et Non Gouvernementales est la mise au point de techniques de production adaptables au milieu rural et moins dépendantes des engrais chimiques.

Certes l'utilisation d'engrais chimiques pour améliorer la fertilité des sols cultivés et accroître le rendement est une option pouvant permettre le développement agricole en zone tropicale. C'est ainsi que certaines institutions telles que l'IFDC, l'IFA etc. proposent aux paysans une utilisation rationnelle d'engrais chimiques pour remédier aux problèmes de baisse de fertilité des sols.

Devant cette proposition, le constat est que l'approvisionnement en engrais par les paysans requiert des contraintes. Non seulement ces intrants sont onéreux pour les exploitants agricoles mais aussi leur disponibilité limite leur consommation.

En 1996 la consommation d'engrais chimiques au Togo s'élèvait à 953,16 tonnes d'urée, 502 tonnes de K_2SO_4 et 816,50 tonnes de NPKSB (DSID, 1997). Ces quantités d'engrais ajoutés aux autres types d'engrais chimiques portent à 37 091 tonnes la consommation totale d'engrais chimiques en 1997 pour le Togo. Cependant ce total n'a pas couvert la demande sur toute l'étendue du territoire.

L'on ne devra pas perdre de vue que même si la disponibilité d'engrais chimiques n'est pas un facteur limitant pour la production agricole dans certains pays tropicaux, leur utilisation excessive et prolongée constitue un danger à long terme pour la qualité du sol.

Pour cette raison, des travaux de recherches ont été menés pour la découverte de nouvelles technologies mieux adaptées aux pays tropicaux. Les technologies adoptées sont celles qui utilisent moins ou se passent des engrais chimiques. Les pratiques agroforestières en font partie.

Les innovations agroforestières proposées aux paysans paraissent concluantes et méritent d'être encouragées. En effet plusieurs auteurs dont KANG et *al* (1981), TOSSAH et TAMELOKPO (1990) et d'autres chercheurs au Togo ont montré les avantages des systèmes agroforestiers dans l'amélioration de la fertilité des sols et dans la productivité des cultures saisonnières associées aux ligneuses. L'IFDC-Division Afrique a opté pour la gestion intégrée de la fertilité des sols (GIFS). La GIFS est basée sur la combinaison d'engrais organique (émondes d'espèces agroforestières, plantes de couverture, fumier, compost, etc.) et d'engrais minéraux. Cette pratique permet de développer l'efficacité des engrais.

En outre, YOSSI (1996) au Mali et N'GORAN (1995) en Côte d'Ivoire ont montré qu'un système agroforestier, en particulier une jachère artificielle de courte durée, peut être remise en culture avec profit en utilisant des doses modérées d'engrais chimiques. C'est cette dernière approche que nous nous proposons d'étudier à travers notre essai en utilisant des espèces d'arbres fertilitaires acclimatées au Togo.

« L'effet des jachères améliorées de courte durée avec ou sans association d'engrais minéraux sur la fertilité du sol et le rendement du maïs » vise donc à :

• identifier le meilleur parmi deux types de jachère de durées différentes ;

• déterminer la dose modérée d'engrais minéraux qui, associée à la jachère améliorée est apte à accroître le rendement du maïs en agissant favorablement sur la fertilité du sol.

Le présent document s'articule en trois grandes parties. La première est consacrée à la revue de la littérature qui relate quelques travaux effectués dans le cadre de l'amélioration des jachères naturelles ; la seconde partie énumère le matériel de travail et la méthodologie adoptée ; la troisième partie comporte la présentation et la discussion des résultats obtenus d'où ont été tirées des conclusions.

PREMIERE PARTIE : REVUE DE LA LITTERATURE

1.1. Généralités sur les jachères

1.1.1. Concept et définition

Dans les sociétés paysannes, la jachère est perçue comme une terre labourable sur laquelle le premier défricheur garde un droit d'accès permanent (SERPENTIE, 2000). Selon DOUANIO et *al* (2000), la notion de jachère évoque une série temporelle ; dès lors la jachère, en terme agronomique, peut désigner une friche ou un champ abandonné.

Une friche est une terre n'ayant été cultivée de mémoire d'homme. Cette définition s'apparente à celle proposée par SERPENTIE évoquant ainsi le terme de jachère naturelle.

La jachère a le sens d'un champ abandonné lorsque la terre cultivée est laissée au repos en vue de la restauration de sa fertilité. Au cours de cette période de repos la jachère est occupée par des graminées et /ou d'autres espèces végétales qui assurent sa protection contre l'érosion et contribuent à la restauration de sa fertilité.

La jachère améliorée est celle caractérisée par l'introduction d'espèces ligneuses améliorantes du sol dans des jachères naturelles. Dans ce cas on peut par exemple ensemencer la jachère naturelle d'arbres fixateurs d'azote qui rétablissent plus vite un sol de bonne qualité que les espèces spontanées (ICRAF, 1991 ; LO, 1992).

D'une manière générale, le terme de jachère désigne la période d'abandon cultural pour permettre au sol d'accumuler à nouveau les éléments nutritifs indispensables à une culture (GILLIS et *al*, 1990 ; SIGAUT, 1993).

1.1.2. Jachère naturelle et Jachère améliorée

La jachère naturelle est une jachère spontanée dans laquelle la recolonisation par la végétation se fait sans intervention humaine. La succession normale du développement de la jachère est déterminée par les facteurs édaphiques et climatiques, la flore locale, les techniques culturales et la durée de la jachère.

Dans le schéma normal de régénération de la jachère dans les régions humides d'Afrique Occidentale, on trouve des graminées et des dicotylédones dominantes durant les deux ou trois premières années, et qui sont entremêlées de drageons et de rejets d'arbres et de grands arbustes. Selon OKIGBO (1983), lorsque la durée de la jachère excède quinze ans la végétation climacique comprend de grands arbres tel que *Albizia gummifera*, *Anthocleista vogelli*, *Khaya ivorensis*, *Triplochiton scleroxylon*, *Cola spp*, *Ficus spp* etc.

Ce type de jachère ne se rencontre que dans les zones tropicales à faible densité de population où la durée de la période de culture est courte, et celle de la période de jachère longue.

Dans les zones où la population est élevée, la jachère est courte, et on trouve un nouveau cortège d'espèces dominantes dans une sorte ce végétation climacique. OBI et TULEY (1973) notent comme espèces dominantes *Alchornea cordifolia*, *Dialium guineense*, *Harungana madagascariensis*. Cette dernière espèce végétale se rencontre dans la plupart des jachères au Togo comme dans le cas des jachères du plateau Akposso (GUELLY, 1994-a). C'est la présence de ces espèces précisement qui explique bien la courte durée des jachères dans le pays et généralement dans les autres pays tropicaux.

1.1.3. Pratique de la jachère

La pratique de la jachère, née au néolithique avec l'agriculture, a accompagné cette dernière sous différentes formes, tout au long de son histoire (JOUVE, 1993).

En effet l'évolution historique des systèmes de culture est marquée par cinq types d'usage de la terre dans un ordre décroissant de longueur de jachère :

La culture forêt-jachère pour laquelle la forêt est éclaircie de clairières cultivées une ou deux années puis abandonnées à la jachère longue de 20 à 25 ans pour donner naissance à la « forêt secondaire » ;

La culture arbuste – jachère ou système de culture itinérante ; la jachère dure 5 à 10 ans ; la période de culture, entre un à dix ans, peut être aussi longue que la période de jachère ;

La culture de jachère courte : la jachère dure 1 ou 2 ans durant lesquels l'herbe seule peut pousser ;

La récolte annuelle : elle n'est pas considérée comme un système de jachère bien que la terre reste non cultivée plusieurs mois dans l'année entre la récolte et la préparation de la campagne suivante.

La récolte pluriannuelle est le système d'utilisation de la terre le plus intensif puisque le temps d'inactivité de la terre, très court, est négligeable.

Aujourd'hui la jachère a disparu dans plusieurs régions du monde. On estime qu'elle est encore pratiquée sur près de 30 % des terres arables ; ce système de culture constitue le moyen d'existence d'environ trois à cinq cent millions d'individus (DIAW, 1997).

1.1.3.1. Pratique de la jachère en Afrique

Surtout pratiquée aujourd'hui sous les climats tropicaux humides et semi- humides : forêts de l'Afrique centrale, vallées de l'Afrique occidentale (EICHER et BAKER, 1984), la jachère est considérée comme la marque de l'extensification.

Selon les estimations de la FAO (1980), les jachères de forêt dense en Afrique occupaient une superficie de 61,6 millions d'hectare alors que les jachères de savanes boisées couvraient une superficie de 104,8 millions d'hectare avec une productivité en bois variant de 0,5 à 2 m^3 / ha / an.

Jusqu'au début des années 80, les deux types de jachères précités conservaient encore leur diversité biologique. On y rencontrait des espèces végétales indicatrices de la fertilité du sol. Les jachères étaient d'assez longue durée permettant la régénération des espèces végétales jusqu'à leur point climacique.

Vers la fin des années 80 jusqu'à nos jours, la durée des jachères s'est réduite suivant les pays et les pratiques culturales adoptées par les agriculteurs.

Dans les systèmes de cultures vivrières par exemple, les jachères ont généralement une durée de 1 à 3 ans au Cameroun. Cette courte durée des jachères au Cameroun s'explique par la pratique continue d'une agriculture sans intrants contribuant à la destruction des arbres et des formations forestières en général (DIAW, 1997). Par contre, au Nigeria où la densité de la population est plus élevée, la plupart des paysans recourent à l'utilisation d'intrants dans leurs pratiques culturales. Ainsi les terres laissées en jachère sont de plus longue durée (3 à 10 ans). Mais il faut remarquer qu'en Afrique de l'ouest on note une tendance générale au raccourcissement de la durée de la jachère (JOUVE, 1993). Cette régression n'est pas sans conséquences sur le fonctionnement et la reproduction des systèmes agricoles.

1.1.3.2. Pratique de la jachère au Togo

- Constat et analyse

Au Togo, la jachère reste une pratique bien présente dans les systèmes de cultures traditionnels. Elle est très pratiquée sur les champs de cultures vivrières.

D'après les recherches effectuées sur l'âge et la richesse floristique des jachères au Togo, il se dégage une répartition zonale de celles-ci (GUELLY et al, 1993).

On distingue donc des jachères de savane constituées d'espèces végétales telles que *Crossopteryx febrifuga*, *Bridelia ferruginea*, *Hymenocardia acida* etc. (GUELLY, 1994-a) ; dans ces jachères les essences forestières présentes sont uniquement issues de graines apportées par des agents disséminateurs (oiseaux et rongeurs) et restées dans le sol (AUBREVILLE, 1947 ; PREVOST, 1981) puis germées à l'ombre des espèces pionnières.

A côté des jachères de savane, on retrouve des jachères de forêt qui prédominent dans les zones forestières du Togo. C'est le cas par exemple des jachères du plateau de Dayes peuplées par des espèces forestières telles que *Milicia excelsa*, *Albizia adianthifolia*, *Pittosporum viridifolium*, *Sterculia tragacantha*, *Berlinia grandifolia* etc (GUELLY, 1994-b). Quant à la jachère forestière du plateau d'Akposso, elle est constituée de *Parinari excelsa*, *Antiaris africana*, *Erythrophleum suaveolens*. On y trouve des galeries forestières à *Uapaca* et des forêts ripicoles à *Berlinia grandifolia* (AKPAGANA, 1989).

Dans la Région Maritime on rencontre essentiellement des jachères de graminées. Dans cette région les terres sont intensément exploitées de sorte que la durée des jachères est devenue courte. Le temps de régénération de ces jachères très court ne permet pas à celles-ci d'évoluer vers leur climax.

En effet la régression du temps des jachères est un phénomène constaté actuellement au Togo et partout ailleurs en Afrique.

Au Togo par exemple, après quelques années d'exploitation, une terre peut être laissée en jachère 20 à 144 mois dans les zones de savane, 18 à 72 mois dans les zones de forêt et 36 mois dans la zone littorale (KOKOU et al, 1999).

Mais aujourd'hui les jachères de longue durée ont laissé la place à des jachères de courte durée.

La répartition des jachères selon leur durée se présente comme suit : 30 % des jachères sont de courtes durées (1 à 5 ans), près de 50 % des jachères naturelles sont de durées moyennes (5 à 10 ans) et moins de 20 % sont des jachères longues (KOKOU et *al*, 1999).

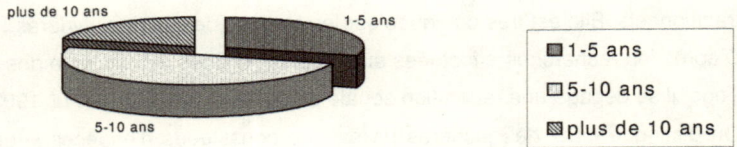

Figure 1.1. Répartition des jachères selon leur durée au Togo
Source : KOKOU et *al* (1999)

-    **Le cycle culture – jachère améliorée au Togo**

Dans les zones de culture ou les jachères améliorées sont souvent pratiquées, le cycle de rotation des cultures est adapté à un système particulier. Ce système permet une rotation céréales – légumineuses - céréales. Au début de ce système, se trouvent les tubercules ou le coton et enfin la jachère améliorée. Ce système dit assolement-rotation ressemble à celui déjà décrit par DJENONTIN et MOUTAHAROU (2000) au Bénin dans le cadre de l'intégration agriculture-élevage, de la diversification des cultures et de la gestion de la fertilité des sols (figure 1.2).

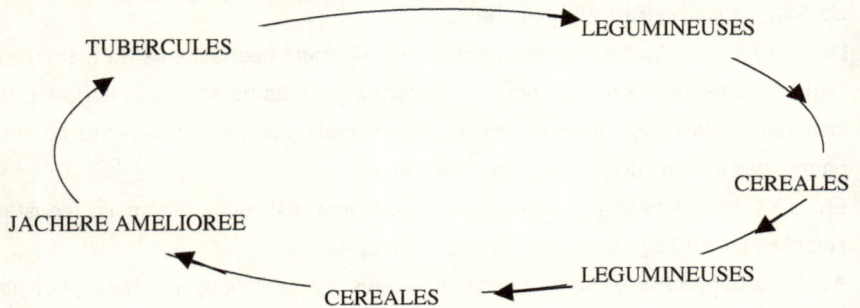

Figure 1.2. Cycle de rotation des cultures dans un système de production intégré
Source : DJENONTIN et MOUTAHAROU (2000)

1.1.4. Rôles des jachères dans les systèmes de production agricole

1.1.4.1. Effet des jachères sur la fertilité du sol

Le système de rotation cultures vivrières-jachères est le système agricole le plus ancien et le plus stable dans les zones tropicales humides d'Afrique. Cette stabilité est attribuée à la présence dans la jachère de végétaux ligneux à enracinement profond qui jouent un rôle essentiel pour la restauration de la fertilité du sol (GETAHUN et al, 1982). Celle-ci passe par le recyclage des éléments nutritifs et la formation de matières organiques.

BENHARD-REVERSAT et al (1999), ont démontré qu'en Afrique la décomposition rapide qui minéralise les litières, favorise le recyclage des éléments minéraux. L'un des intérêts des jachères est donc la remontée de ces éléments minéraux des horizons profonds, auxquels les racines des arbres ont accès, et leur apport en surface par les litières.

Le système racinaire des graminées, en particulier celui des graminées annuelles, est généralement peu profond et participe peu à cette remontée. En revanche, les arbres à litière pauvre en composés phénoliques solubles et sans doute en lignine favorisent la disponibilité des éléments minéraux pour les cultures après une période de jachère.

1.1.4.1 Effets des jachères sur les propriétés du sol

* Effet des jachères sur les propriétés physiques du sol

Lorsqu'une surface cultivable est laissée en jachère, les feuilles qui tombent des espèces végétales favorisent la reconstitution de la couche superficielle du sol. C'est un horizon humifère, riche en fines radicelles, très friable très poreux, de structure grumeleuse qui se reconstitue sous les jachères arbustives et davantage sous des jachères plus vieilles (NOUNAMO et al 1997).

En effet selon plusieurs auteurs (TULAPHITAK et al, 1985 ; PRAT, 1990), le début de la phase de jachère constitue l'ère d'une nouvelle dynamique de la végétation. Les phénomènes d'érosion et de lessivage sont considérablement réduits par le couvert végétal. Ces auteurs font remarquer qu'un certain nombre de propriétés physiques du sol ne semble pas bénéficier du changement apporté par la jachère mais ils soulignent que la structure et la porosité de la couche superficielle du sol bénéficient en grande partie de l'influence de la matière organique qu'apporte la jachère.

Les radicelles de l'horizon superficiel transforment la structure du sol érodé d'une structure polyédrique subangulaire en une structure de type granulaire, très poreux. Cette structure contribue à une augmentation de la stabilité des agrégats dans les sols trop légers et à une diminution de l'adhésivité dans les sols lourds. Ce qui améliore l'aération et le drainage (NOUNAMO et al, 1997).

Le rôle bénéfique des jachères dans l'amélioration des propriétés physiques du sol a été également démontré par BOLI BABOULE (1996). Selon lui, en plus de l'aération et de la stabilisation des sols dégradés, la jachère par son couvert végétal permet de limiter l'évaporation en année sèche. Mais il fait remarquer qu'en année humide la forte infiltration de l'eau dans le sol suite à des séries de pluies, provoque l'asphyxie racinaire dans les couches supercielles. Ainsi la forte infiltration devient nuisible à la qualité physique et à la production du sol.

Rappelons que l'âge de la jachère est également un facteur déterminant pour les propriétés physiques du sol. En effet le taux d'argile et la stabilité des agrégats augmentent sous les jachères âgées, à l'inverse de la teneur du sable et de la densité apparente. Le sol acquiert ces propriétés physiques sous jachères de courte durée plantées d'espèces amélioratrices dont les racines favorisent l'aération des couches supercielles.

* Effets des jachères sur les propriétés chimiques du sol

• Le pH

Il traduit un certain état physico-chimique du sol et plusieurs phénomènes lui sont liés, dont l'activité biologique.

FOFANA et al (1998-a) ont constaté au cours de leurs travaux en République de Guinée que la valeur du pH est de 5,6 dans la jachère forestière ; 4,3 dans la jachère arbustive ; 4 pour la jachère herbeuse. Ainsi la valeur du pH peut être liée aux types de jachère.

Il faut remarquer que sous les jachères forestières où le taux de matière organique est important, le pH du sol tend vers la neutralité. Plus la jachère est vieille, plus elle contribue à élever le pH du sol.

En général, la matière organique fournie par les jachères atténue l'acidification du sol due à l'utilisation des engrais chimiques (YOUNG, 1995 ; BATIANO et *al*, 1995). Cette hausse du pH favorise la vie des microorganismes du sol et par conséquent une bonne libération d'éléments nutritifs pour une meilleure alimentation minérale des plantes.

Le carbone et l'azote

Les propriétés chimiques liées au carbone et à l'azote produits par une jachère ont également fait l'objet de nombreuses études. De celles-ci, il ressort que le carbone organique augmente très peu avec l'âge de la jachère (NOUNAMO et *al*, 1997). Les travaux réalisés au Cameroun par BOLI BABOULE et ROOSE de 1991 à 1995 ont également confirmé cette sensible stabilité de la teneur en carbone sur une jachère améliorée. Cette teneur est de 0,34 $^o/_{oo}$ en 1991 ; 0,32 $^o/_{oo}$ en 1993 et 0,33 $^o/_{oo}$ en 1995.

FOFANA et *al* (1998-b) ont analysé la teneur en carbone et en azote de la matière organique suivant le type de jachère :

Tableau 1.1. Analyse d'un sol superficiel (0 à 10 cm) du Fouta Djalon en relation avec les différents types de jachère

Type de jachère	Matière Organique		
	C, %	N, %	C/ N
Jachère arbustive (Sol Hollandè)	2,08	0,14	15
Jachère herbeuse (sol N'Dantari)	1,51	0,12	13
Forêt	2,95	0,24	12

Source : FOFANA et *al* (1998-b)

Selon ces derniers, le pourcentage de carbone et celui de l'azote suivent la même tendance. Cette analyse confirme également les travaux de HURET (1985) selon lesquels la teneur du sol en azote minéralisable augmente avec la matière organique restituée. Il a montré qu'il existe une relation inversement proportionnelle entre l'azote minéralisable et le rapport C/N. Ce ratio est estimé à 30 au début de la minéralisation et à 10 à la fin pour une bonne fertilité humique du sol.

Le rôle indispensable de la matière organique dans la fertilité du sol se confirme une fois de plus car elle est la source d'azote non acidifiante et plus de la moitié de l'azote exporté par une culture proviennent de la matière organique du sol.

Le phosphore

Le phosphore est l'un des éléments qui limitent le plus souvent le rendement des plantes cultivées en sols ferrallitiques. Cependant il est assez rare que ces sols soient totalement dépourvus de phosphore. Mais il y a, le plus souvent, une insolubilisation de la majeure partie de cet élément due aux oxydes et les hydroxydes de fer et ou d'aluminium.

Généralement le taux de phosphore varie d'une jachère à une autre. Ainsi la MO fournie par une jachère, apporte 20 à 80 % du phosphore total du sol (SOLTNER, 1982). Elle apparaît comme une source de P, mais aussi comme un facteur permettant une utilisation efficace des engrais phosphatés par les plantes.

Les bases échangeables et la capacité d'échange cationique (C.E.C.)

La teneur en matière organique, le pH et les conditions pédoclimatiques semblent avoir une grande influence sur la capacité d'échange cationique.

D'après des études réalisées en Guinée, FOFANA et DIALLO (1998-b) ont montré que la capacité d'échange cationique est moyenne pour les jachères arbustives et herbeuses (inférieure à 5 méq/100 g de sol) et forte pour la forêt (6,39 méq/100 g de sol).

Selon les mêmes auteurs, la teneur du sol en calcium, potassium, magnésium et aluminium varie en fonction du type et de l'âge de la jachère.

La teneur en ces éléments est élevée sur les jachères jeunes et sur les jachères herbeuses et arbustives.

Il faut remarquer que les espèces fertilitaires introduites dans des jachères de courtes durées, fournissent considérablement de la matière organique à partir de leurs émondes enfouies au sol. Cette MO renforce la capacité d'échange cationique du complexe argilohumique du sol.

Selon YOUNG (1995), l'augmentation de la CEC, améliore la rétention des éléments nutritifs, tant recyclés naturellement qu'apportés par les engrais. Ainsi les sols ayant un bon statut de matière organique, répondent mieux aux engrais minéraux.

Les jachères plantées améliorent l'efficacité des engrais grâce à l'amélioration de la capacité d'échange cationique du sol.

* Effets des jachères sur la microfaune du sol

Sous une jachère, la vie biologique du sol est marquée par une activité intense des êtres vivants (Lombricidés, Bactéries, Champignons, Algues) qui le peuplent.

La présence de ces populations visibles ou invisibles est favorisée par la matière organique qu'apporte la jachère.

La température, le pH, l'humidité et les nutriments nécessaires à la survie et à la multiplication de la microfaune du sol sont assurés par la matière organique (MO). L'effet favorable de la MO sur l'activité biologique du sol a été également démontré par YOUNG (1995), DE RAISSAC et al (1998). Selon eux, la MO fournie par les jachères crée un environnement propice à la fixation de l'azote atmosphérique et bien d'autres activités des organismes telles que la minéralisation, la solubilisation du phosphate, la rupture des résidus de pesticides.

La jachère améliorée contribue à un apport rapide et considérable de la MO qui occupe une première place dans le maintien de la vie intime du sol. Sans elle, les engrais chimiques sont peu efficaces ou simplement, intoxiquent le sol (RODET, 1978). Il est à noter qu'une jachère bien qu'elle soit améliorée par des espèces fertilitaires à croissance rapide, ne reconstitue pleinement la vie biologique du sol qu'au bout d'un certain nombre d'années.

Pour la pratique de jachère améliorée de courtes durées, seulement un faible pourcentage de nutriments de MO sera disponible et par conséquent, l'apport d'engrais chimique additif sera nécessaire pour un niveau de rendement élevé.

* Effet des jachères améliorées de courte durée sur le rendement des cultures

Lorsqu'un champ cultivé au bout d'une certaine période est laissé en jachère, l'exploitant cherche à améliorer non seulement la fertilité de la parcelle mais aussi à obtenir un rendement soutenu dans le temps.

MASSE (1998) a réalisé une étude sur l'effet des jachères de courte durée (4 ans) sur le rendement du mil après défrichage au Sénégal. Les résultats ont montré que la MO sur fraction organique granulométrique 200 µm est de :

- 2,5 t.ha^{-1} avec un rendement en grain de mil de 310 kg.ha^{-1} sur jachère graminéenne d'*Andropogon gayanus* ;

- 5,84 t.ha^{-1} avec un rendement en grain du mil de 420 kg.ha^{-1} sur jachère naturelle de ligneux ;
- 7,32 t.ha^{-1} avec un rendement en grain de mil de 840 kg.ha^{-1} sur jachère améliorée de *Acacia holosericea*.

MASSE a ainsi démontré que la jachère améliorée a permis d'augmenter le taux de MO dans le sol et le rendement en grain du mil.

D'autres auteurs ont étudié l'effet des jachères en particulier celui des jachères améliorées de courte durée sur le rendement en grain du maïs. GUEVARRA et *al* (1978) ont examiné la possibilité d'associer une plantation de *Leucaena leucocephala* avec une culture de maïs et ont conclu que l'on peut obtenir des rendements satisfaisants en maïs en utilisant des émondes de *Leucaena leucocephala* comme engrais. Ils ont aussi démontré que les grains de maïs récoltés sur les parcelles traitées ont une teneur en protéines plus élevée par rapport aux grains récoltés sur les parcelles non traitées.

1.1.5. La jachère améliorée : un système agroforestier durable

La jachère améliorée est considérée comme un système agroforestier car elle représente un exemple local spécifique d'une pratique.

La pratique agroforestière est un arrangement caractéristique d'éléments (par exemple, les ligneux, les cultures, les pâturages, le bétail) dans l'espace et dans le temps (YOUNG, 1995).

La jachère arborée améliorée est un système agroforestier relativement efficace et durable. Elle est efficace car elle permet non seulement une fixation biologique de l'azote mais aussi un apport de matière organique au sol.

Des travaux réalisés à Hawaï par GUEVARRA et *al* (1978), ont montré qu'on pouvait récolter avec le feuillage de *Leucaena leucocephala* 500 à 600 kg d'azote à l'hectare par an. Ils ont aussi démontré qu'une jachère arbustive est plus efficace qu'une culture de légumineuses ou de couverture pour recycler les éléments nutritifs et accroître la teneur du sol en matière organique. JUO et LAL (1977) ont constaté que *Leucaena leucocephala* était aussi efficace qu'une jachère régénérée naturellement pour restaurer le carbone organique et les cations échangeables du sol.

La jachère améliorée, constituée de *Leucaena leucocephala* et d'autres arbres fertilitaires, a une efficacité sur les facteurs physiques, climatiques et biologiques du sol (GUEVARRA et *al*, 1978).

Le concept de durabilité d'une jachère améliorée vient du fait qu'elle constitue un système agroforestier dont l'implantation tend à résoudre le problème d'érosion, de fertilité du sol et de rendements constants dans le temps. En effet la jachère améliorée permet de réduire l'érosion hydrique par une couverture de litière en surface. Elle a une action de barrière contre le ruissellement lorsqu'elle est plantée en rangs serrés. La jachère améliorée permet le renforcement et la stabilisation des structures de conservation des terres, la lutte contre le déclin de la résistance du sol à l'érosion en entretenant la matière organique (YOUNG, 1995). La jachère améliorée et plus généralement l'agroforesterie est une pratique agricole durable.

1.2. Le maïs : plante- test de l'essai

1.2.1. La plante et son cycle

Le maïs, *Zea mays* L. est le plus cultivé du genre *Zea* (ADJETEY- BAHUN, 2001). C'est une monocotylédone herbacée annuelle de la famille des Graminées ou Poacées ; il appartient à la sous-famille des Panicoïdeae et à la tribu des Maydées ou Trypsaceae.

La Tribu des Maydées et celles des Andropogonées et Panicées constituent les trois plus importantes de la sous-famille des Panicoïdeae.

Le système racinaire du maïs est fasciculé ; ses racines sont peu profondes (10 à 20 cm) dans de bonnes conditions (ADJETEY- BAHUN, 2001).

Sa tige ou chaume généralement unique est formée d'une succession de nœuds qui déterminent des entre-nœuds plus ou moins longs. La hauteur de la tige varie entre 100 et 300 cm. Le diamètre peut atteindre 4 cm.

Les feuilles sont engainantes avec un limbe parallélinervé. Elles sont alternes, insérées sur les nœuds. Leur nombre varie de 12 à 20 selon les variétés (BARLOY, 1970).

Le maïs est une plante monoïque stricte. L'inflorescence mâle est une panicule qui se trouve au sommet de la tige tandis que l'inflorescence femelle est un épi qui s'insère à l'aisselle d'une feuille. La floraison est protandre et la fécondation croisée.

Lorsqu'on sème un bon grain de maïs dans de bonnes conditions d'humidité, d'aération et de température (25 à 30 °C), il germe. La germination se produit par la sortie de la racine séminale et par la croissance d'une préfeuille appelée coléoptile. Le grain de maïs absorbe près de 44 % de son poids d'eau à la germination.

La levée a lieu au bout de 5 à 7 jours. Elle correspond à la sortie des toutes premières feuilles. La fin de cette phase est marquée par le développement de la 4e feuille (ADJETEY-BAHUN, 2001). Jusqu'à la fin de la levée, la jeune plante vit aux dépens des réserves nutritives du grain, mais à partir de ce stade elle devra utiliser pour sa croissance, les éléments disponibles dans son environnement.

La montaison s'intercale entre la fin de la levée et le début de l'épiaison mâle.

L'épiaison est marquée par la formation de la panicule mâle constituée des éléments du périanthe. Elle est suivie de la formation des étamines (floraison mâle) puis de la floraison femelle (sortie des soies).

Les soies recueillent les grains de pollen des fleurs mâles, portés par le vent (pollinisation anémogame) et la fécondation se réalise. La montaison et l'épiaison constituent un "stade critique" pour la vie de la plante et par conséquent pour la future récolte (ROUANET, 1990).

Après la fécondation, s'observe une phase de passage intense de matières sèches dans le grain : c'est la maturation.

Le cycle végétatif du maïs varie entre 90 et 150 jours. Cette durée est réduite pour certaines variétés améliorées.

1.2.2. L'environnement physique de la plante

1.2.2.1. Exigences en lumière et en chaleur

Selon ROUANET (1990), le maïs est une plante exigeante en lumière et tout manque de luminosité peut entraîner des limitations de rendement. Il est nécessaire de respecter les exigences thermiques du maïs. Les conditions de température favorables pour une croissance végétative rapide de la plante sont comprises entre 20 et 27 °C (ROUANET, 1990).

1.2.2.2. L'alimentation en eau du maïs

Le maïs est une plante exigeante en eau. Au Niger et au Burkina-Faso, des expériences ont montré que les besoins en eau sont à leur maximum au moment de la floraison et immédiatement après, 6 mm d'eau par jour. Les estimations indiquent qu'il faut 600 mm d'eau pour un maïs de 120 jours (ANONYME, 1991).

Le maïs est très sensible au déficit hydrique surtout si celui-ci se situe dans la « période critique » c'est-à-dire 30 à 40 jours encadrant la floraison (ROUANET, 1990 ; GIRARD et ADRI, 1992 et ANONYME, 1986). D'après BOYELDIEU (1989), un déficit hydrique durant cette « période critique » entraînerait une chute de rendement de 60 %. D'où la nécessité d'adopter en maïsiculture pluviale des pratiques culturales visant à accroître la capacité du réservoir tellurique en eau et supprimer toute concurrence hydrique avec la plante. D'après ROUANET (1990), il faut maintenir la teneur en MO du sol élevée, augmenter la capacité de rétention d'eau du sol, choisir des variétés dont le cycle est bien adapté à la saison des pluies et des variétés plus résistantes à la sécheresse.

GIRARD et ADRI (1992) préconisent pour leur part, une simulation des dates optimales de semis pour chaque zone (exemple pour le maïs de 105 jours, la date optimale de semis à Davié est le 21 avril et le rendement espéré 8 années sur 10 est de 2800 kg.ha^{-1}).

1.2.2.3. La nutrition minérale du maïs

Le maïs, autant que toutes les plantes, a besoin des éléments nutritifs, pour sa croissance et son développement. Parmi les seize éléments reconnus essentiels, les agrochimistes y ont identifié trois qui sont majeurs (dits primaires) à savoir : l'azote (N), le phosphore (P) et le potassium (K) (ALDRICH et al, 1975).

Les besoins de la plante (maïs) en éléments nutritifs ne sont pas constants au cours de son cycle végétatif ; faibles au début, ils croissent pour atteindre un maximum avant la floraison et décroissent ensuite. Durant ce cycle végétatif, le rôle des éléments minéraux reste incontournable dans la vie de la plante.

Par exemple l'azote est le moteur de croissance de la plante. Il intervient pour 1 à 4 % dans la constitution de la matière sèche de la plante (IFA et FAO, 2000). Il est prélevé dans le sol sous forme de nitrate (NO_3^-) ou d'ammonium (NH_4^+). Dans le plant de maïs, ces ions se combinent aux composés ssus du métabolisme de la

17

photosynthèse pour former des acides aminés et des protéines. Constituant essentiel des protéines, l'azote intervient dans les processus majeurs du développement de la plante et dans la détermination du rendement. Un apport raisonné de N est nécessaire pour la plante. Cet apport conditionne également l'utilisation d'autres nutriments par la plante.

Le phosphore, qui intervient pour 0,1 à 0,4 % dans la constitution de la matière sèche de la plante, joue un rôle moteur dans le transfert d'énergie. Ainsi il est l'élément essentiel pour la photosynthèse et autres processus physiologiques de la plante. Le phosphore est indispensable pour la différenciation cellulaire et le développement des tissus méristématiques. La plupart des sols sont caractérisés par une déficience en phosphore car les ions phosphoriques (PO^{3-}_4) sont généralement séquestrés par les ions Ca^{2+}, Al^{3+} etc. Sous cette forme le phosphore est insoluble et inaccessible aux plantes (IFA et FAO, 2000).

Le potassium a plusieurs fonctions et intervient pour 1 à 4 % dans la constitution de la matière sèche de la plante. Il active plus de 60 enzymes. Aussi joue-t-il un rôle important dans la synthèse des hydrates de carbone et des protéines.

A côté du N, P, K, les autres macro éléments et les micro éléments doivent être apportés de façon raisonnée afin d'avoir un rendement en grain de maïs satisfaisant. Les tableaux 1.2 et 1.3 indiquent les doses de nutriments prélevés par une culture de maïs produisant 9,5 et 6,3 t ha^{-1} de grain de maïs et de partie végétative.

Tableau 1.2. Macroéléments prélevés par une culture de maïs produisant 9,5 et 6,3 t.ha⁻¹ de grain et partie végétative

Production, t.ha^{-1}	Source	Partie	Macroéléments, kg.ha^{-1}						
			N	P$_2$O$_5$	K$_2$O	MgO	CaO	S	Cl
9,5	BARBER et OLSON, 1968	Grain	129	71	47	18	2,1	12	4,5
		Partie végétative	62	18	118	55	55	9	76
6,3	ALDRICH et *al*, 1986	Grain	100	40	29	9,3	1,5	7,8	-
		Partie végétative	63	23	92	28	15	9	-

Tableau 1.3. Microéléments prélevés par une culture de maïs produisant 9,5 et 6,3 t.ha⁻¹ de grain et de partie végétative

Production, t.ha^{-1}	Source	Partie	Microéléments, g.ha^{-1}					
			Fe	Mn	Cu	Zn	B	Mo
9,5	BARBER et OLSON, 1968	Grain	110	60	20	190	50	6
		Partie végétative	2020	280	90	190	140	3
6,3	ALDRICH et *al*, 1986	Grain	-	70	40	110	-	-
		Partie végétative	-	940	30	200	-	-

Source : IFA (2000)

1.2.3. Importance socio-économique du maïs

Occupant le deuxième rang mondial après le blé, le maïs est utilisé en grande partie dans l'alimentation humaine dans les Pays en Voie de Développement (PVD). Par contre dans les Pays Développés, la production est presque destinée à la consommation des bétails et volailles.

Au Togo, la culture du maïs occupe une place importante des activités agricoles. En 1996 la superficie cultivée en maïs est de 352 062 ha soit 41,81% des superficies totales (842 124 ha) cultivées en vivriers (DSID, 2000). En 2000, cette superficie était de 354 515 ha alors que la superficie totale cultivée en vivriers n'était que de 660 591 ha ; soit 53,67 %. Il faut donc remarquer que le pourcentage qu'occupe la superficie cultivée en maïs par rapport à la superficie totale cultivée en vivriers croît suivant les années. Ces pourcentages justifient l'importance de la culture du maïs parmi les autres céréales au Togo.

Quand bien même les moyens de production sont restés rudimentaires dans l'ensemble, la production sur le plan national a augmenté en fonction des superficies cultivées en maïs. En 2000, la production nationale était de 482 055 tonnes contre 387 562 tonnes en 1996 (DSID, 2000).

Durant quatre ans, l'augmentation de la production nationale de maïs est de 94493 tonnes. Pour un tel nombre d'années, il faut souligner que des efforts doivent être engagés dans le sens de l'amélioration des techniques culturales. Les pratiques agroforestières peu onéreuses avec des apports modérés d'engrais minéraux peuvent être une solution prometteuse.

Le maïs est utilisé sous diverses formes par l'homme. Au Togo, la farine sert à la préparation de pâtes (akpan, égblin, kom...), de beignets, de biscuits et de bouillies pour enfants. Ailleurs, l'amidon extrait industriellement des grains sert à préparer des biscuits, de la bière, des colles, des textiles, des apprêts pour tissus.

Les germes de maïs donnent de l'huile qui sert pour l'alimentation humaine, pour la fabrication des margarines, des savons, des vernis, des textiles artificiels. Le maïs peut être utilisé comme fourrage vert pour les animaux ou pour faire de l'ensilage pour les bovins (ROUANET, 1990).

1.3. Association « jachère améliorée de courte durée - engrais minéraux - maïs

1.3.1. Performances agronomiques et économiques de l'Association « JA de courte durée – engrais minéraux – maïs »

Le système de rotation cultures vivrières - jachère forestière est le système agricole le plus usité et le plus stable dans les zones tropicales humides de l'Afrique (KANG et al, 1981). Sa stabilité est attribuée à la présence dans la jachère de végétaux ligneux à enracinement profond qui jouent un rôle essentiel pour la restauration de la fertilité du sol.

L'expansion démographique et le surcroît de pression sur les terres qui l'accompagne menacent la stabilité et la productivité de ce système. Au fur et à mesure que les superficies cultivées annuellement s'accroissent, la période de jachère se raccourcit et les espèces ligneuses sont éliminées. Face à cette situation l'Association « jachère améliorée de courte durée - engrais minéraux – maïs apparaît comme un système performant permettant de résoudre les problèmes qui se posent à l'ancienne pratique agricole dans les zones tropicales. Ce système, à l'instar des autres systèmes agroforestiers, présente à la fois des intérêts agronomiques et économiques.

Du point de vue agronomique, les espèces d'arbres agroforestiers utilisés sont capables de fixer l'azote atmosphérique et de le mettre à la disposition des cultures associées.

Les arbres agroforestiers contribuent à une augmentation du rendement de la production des cultures vivrières qui leurs sont associées. Au Togo, AYEBOU (2002) a obtenu 6,07 t.ha^{-1} de grains de maïs lorsque les plants de maïs sont associés à des haies de *Albizia chevalieri*. Le rendement n'est que de 2,14 t.ha^{-1} sur les parcelles témoins sans ligneux fertilitaires.

Lors des essais de cultures sur les sols ferrallitiques acides du Rwanda, RUTUNGA (1991) a obtenu un rendement de 2 t.ha^{-1} de sorgho lorsque les plants sont associés à des haies de *Leucaena leucocephala*. Mais en ajoutant $N_{51}P_{51}K_{51}$, les rendements ont augmenté et ont atteint 4,5 t.ha^{-1}. Il a ainsi démontré que, certes les arbres agroforestiers contribuent à l'amélioration du rendement de la culture annuelle associée, mais un apport de petite dose d'engrais minéraux ajoutée au système permet d'avoir un rendement plus soutenu.

Du point de vue économique les LUM utilisés par le système contribuent à la production de combustibles, de médicaments etc. Ils fournissent également du fourrage pour l'alimentation du bétail. D'autres LUM non utilisés par notre essai, contribuent à la production de fibres, de colorants, de tanins, de résines, de gommes etc (DUPRIEZ et de LEENER, 1983).

1.3.2. Nécessité de l'association « JA de courte durée - engrais minéraux - maïs

L'étude de l'effet des jachères améliorées de courte durée avec ou sans association d'engrais minéraux sur la fertilité du sol et la productivité du maïs au Togo se justifie par les constats suivants :

- Le faible niveau de fertilité des sols dans la Région Maritime du Togo limitant la production agricole ;
- le coût élevé des engrais importés surtout après la dévaluation du franc CFA ;
- des études antérieures réalisées ailleurs ont montré la possibilité d'amélioration de la fertilité des sols grâce à la jachère de quelques espèces d'arbres « fertilitaires » comme *Leucaena leucocephala*, *Sesbania sesban* et autres ;
- la restauration de la fertilité des sols, uniquement par des jachères de courte durée ou uniquement par l'apport d'engrais minéraux, ne serait pas optimale. Pour optimiser cette restauration des sols, on pourrait associer à la jachère de courte durée la fumure minérale pour obtenir des rendements élevés, comparables aux rendements souvent excellents que produisent les cultures sous l'effet des jachères de longue durée.

Ces constats justifient le choix de la présente étude par laquelle nous pourrons démontrer les possibilités d'amélioration, à moindre coût, de la fertilité des sols et des rendements en grain du maïs dans la Région Maritime au Togo.

DEUXIEME PARTIE : MATERIEL ET METHODES

2.1. Matériel

2.1.1. Site expérimental

L'essai a été conduit au Centre d'Expérimentation Agronomique de l'ESA de Lomé situé dans le sud de la Région Maritime du Togo.

Cette région est relativement la plus petite du territoire (6000 km^2, soit 10 % de la superficie du pays). Par contre elle a une forte densité de peuplement soit 126 habitants au km^2 alors que les autres régions du pays ont en moyenne 72 habitants au km^2 d'après les estimations statistiques de 1995 (DSID, 1997).

Malgré ses importantes ressources non encore exploitées, la Région Maritime n'est pas pour autant moins confrontée à un certain nombre de problèmes nés surtout de l'accroissement démographique et d'une planification insuffisante.

Les produits vivriers occupent une place importante dans l'agriculture de la région. Les données statistiques de la production et de la superficie agricoles totales pour la campagne 1999 / 2000 fournies par la Direction des Statistiques Agricoles, de l'Information et de la Documentation (DSID) en 2000 permettent d'estimer les rendements à 400 kg.ha^{-1} pour les légumineuses, 770 kg.ha^{-1} pour les céréales et 8000 kg.ha^{-1} pour les tubercules. Il convient de préciser que la Région Maritime est grande productrice du maïs et du manioc, produits de base dans l'alimentation de la population. Il n'est pas moins important de souligner que la production vivrière évolue en dents de scie du fait des aléas climatiques et de l'épuisement des sols. Ainsi, il est de plus en plus difficile de dégager des excédents commercialisables, l'accroissement de la production étant absorbé par l'augmentation de la population rurale qui est de 2 % par an pour la région (DSID, 1997). Le palmier à huile qui constituait la principale culture industrielle de la région est aujourd'hui plus utilisé pour la production de vin de palme et d'alcool local ou artisanal « sodabi ». Les cocoteraies du cordon littoral fournissent du coprah destiné à l'exportation et à l'extraction de l'huile de noix de coco. La pêche constitue aussi une activité non négligeable des petites agglomérations de la côte.

2.1.1.1. Conditions climatiques

La température moyenne au cours de la période de l'essai est de 27 °C ; la moyenne des hauteurs mensuelles de précipitations relevées au cours de cette même période est de 71,8 mm d'eau. Ces hauteurs mensuelles de précipitations figurent dans le tableau 2.1.

Tableau 2.1. Hauteurs mensuelles des précipitations au cours de la période de l'essai

Mois	Mars	Avril	Mai	Juin	Juillet	Août	Septembre	Total
Hauteur de pluie (mm d'eau)	98,40*	70,40	65,00	164,50*	18,10	8,00	77,80	502,60

Source : Station Agrométéorologique du Centre d'Expérimentation Agronomique de l'ESA à Lomé (2003)

* : Les mois les plus pluvieux

L'expérimentation a été réalisée dans les conditions pluviométriques naturelles avec un déficit hydrique remarquable dans les mois de mai, juillet et août. Seuls mars et juin ont été suffisament pluvieux lors de notre essai. Ces aléas climatiques constituent un facteur déterminant dans la formation des rendements.

Comme toute la Région Maritime, le Centre d'Expérimentation Agronomique de l'ESA à Lomé bénéficie d'un climat de type soudano- guinéen qui se caractérise par deux saisons pluvieuses et deux saisons sèches :

La grande saison pluvieuse va de mi-mars à mi-juillet et la petite de septembre à mi-novembre;

La grande saison sèche couvre la période de mi-novembre à mi-mars et la petite, de mi-juillet à fin août.

Mais à cause de l'anomalie climatique du Sud-Togo, la petite saison pluvieuse est perturbée depuis certaines années. Cela modifie la curée de la saison sèche qui devient ainsi plus longue (Anonyme, 1991).

2.1.1.2. Sol

Le terrain sur lequel cet essai s'est déroulé est assez plat. Les parcelles expérimentales ont été installées sur un sol ferrallitique à horizon superficiel sableux, de structure grumeleuse très fine à particulaire. Les horizons de profondeur sont argileux, de structure polyédrique. Le sol est pauvre en matières organiques dont la teneur varie de 0,680% à 0,918% selon les résultats d'analyse obtenus par le projet Agroforesterie ESA/UL–ICRAF en 2000. Ce sol est qualifié de terre de barre dégradée.

Du point de vue de la classification CPCS (1967), ce sol appartient à la famille des sols ferrallitiques faiblement désaturés, appauvris en argile. Dans le système de classification de la FAO (1989), il s'agit de ferralsol caractérisé par la présence d'horizon humifère brun rouge, peu coloré en matière organique. Pour ce sol, la teneur en éléments fins augmente progressivement en profondeur avec une couleur rouge devenant de plus en plus vif et la structure plus massive est à débit polyédrique sub-anguleux plus développé ; Mais les horizons AB et B oxique restent meubles à l'état humide et assez cohérents a l'état sec.

Soulignons que plusieurs séries de sols sur terres de barre ont été distinguées en fonction de la teneur en argile de l'horizon B et de l'épaisseur des horizons A et AB appauvris en argile. De ce point de vue, le sol du site expérimental appartient à la série des sols « rouge sableux » ; l'horizon A appauvri est beaucoup plus épais et l'horizon B est riche en argile (30 – 35 %) (RAUNET, 1973).

2.1.1.3. Précédent cultural

Des arbres agroforestiers installés en haies plurispécifiques occupent le domaine de l'essai pendant deux ans pour la première parcelle et trois ans pour la seconde. Le domaine n'a donc pas reçu de culture vivrière avant l'installation de notre essai.

2.1.2. Matériel végétal

2.1.2.1. Espèces agroforestières utilisées

Quatre espèces ligneuses agroforestières sont utilisées lors des essais. Deux sont du genre *Albizia*, une du genre *Leucaena* et une autre du genre *Samanea*.
Elles appartiennent à la grande famille des Légumineuses et à la famille des Mimosacées.

a - *Albizia chevalieri* Harms

L'espèce est rencontrée dans les savanes soudano–sahéliennes et soudaniennes. Elle est appelée « Yovoziotovi » en Ewé (Togo). C'est un arbre ou un arbuste de 5 à

6 m atteignant quelque fois 20 à 30 m de haut dans les zones humides.

L'arbre est souvent bas branchu, à tronc atteignant 30 cm de diamètre, à cime arrondie et ouverte, à retombant (ARBONNIER, 2000).

L'écorce est liégeuse, gris pâle profondément crevassée en écailles plus ou moins rectangulaires et épaisses.

Les rameaux sont poilus avec lenticelles blanches. Les feuilles sont alternes, bipennées, vert foncé avec 8 à 12 paires de pinnules ayant 20 à 40 paires de folioles d'environ 1cm de long, 2 à 3 mm de large, parfois légèrement innervées, apicules grises et pubescentes en dessous. Les rachis (longs de 12 à 20 cm), sont poilus avec de grosses glandes. Les fleurs sont des boules blanches, de 1 à 3 sur les tiges axillaires.

Les gousses plates ayant une longueur de 10 à 15 cm et une largeur de 2 à 2,5 cm contiennent 7 à 10 graines (ARBONNIER, 2000).

Les feuilles et fruits de l'arbre sont mangés par le bétail. Le bois jaunâtre d'un poids moyen sert de combustible et à la construction. L'écorce est utilisée pour le tannage des peaux au Niger septentrional (BAUMER, 1995).

Les jeunes pousses sont comestibles et les racines fines sont employées comme fil pour réparer les calebasses.

L'espèce supporte l'émondage dans les champs en couloirs. C'est un arbre de grande importance pour diversifier la composition des haies.

Les essais réalisés sur quelques espèces d'arbres agroforestiers par AYEBOU (2002), nous ont permis d'estimer à 5 t.ha^{-1} la production de biomasse foliaire fournie par *Albizia chevalieri* à 15 mois dans les champs en couloirs au sud du Togo.

Dans la zone forestière du Kloto, les paysans encadrés par APAF, utilisent l'arbre pour fertiliser les sols sous les vivriers. Certains paysans plantent l'arbre isolement dans les champs de vivriers ; d'autres le mettent en haies dans les champs.

L'arbre fournit du bois de chauffe aux paysans et du fourrage pour tous les herbivores.

Le choix de *Albizia chevalieri* dans les essais de jachères améliorées se justifie par le fait qu'il diversifie la composition des haies. La plante fournit au sol une grande quantité d'émondes sous forme d'engrais vert. Cet engrais vert permet de restaurer la fertilité du sol sous les jachères améliorées pendant un temps réduit.

27

b - *Albizia lebbeck* (L) Benth

L'arbre est originaire de l'Asie et de l'Afrique mais aujourd'hui il est très répandu dans le monde.

C'est un arbre d'une hauteur allant jusqu'à 20 m qui s'adapte très facilement aux tropiques secs ou humides. Il préfère les sols légers ou les terreaux à pH alcalin ou neutre avec un bon drainage.

Albizia lebbeck est un fixateur d'azote qui améliore la fertilité du sol ; il produit du bois, du fourrage et autres produits.

Les feuilles sont alternes, bipennées de 15 à 20 cm de long.

Les fruits sont des gousses plates pouvant atteindre 30 cm de long (ARBONNIER, 2000).

En culture en couloirs, l'arbre a une croissance lente dès son installation. Cette croissance devient normale avec l'âge. L'arbre a fait l'objet de peu de recherches agroforestières. Il est introduit dans la jachère améliorée afin de renforcer la biodiversité et de favoriser un système agroforestier stable.

c -*Leucaena leucocephala* (Lam.) de Wit.

C'est un arbuste qui peut atteindre 20 m de hauteur et dont l'origine est le Mexique.

L'espèce *L. leucocephala* comporte plus de 300 variétés qui sont globalement classées en 3 types selon la NATIONAL ACADEMY PRESS (1984) :

- le type commun d'aspect buissonneux, court (de 5 m environ de hauteur) et qui fleurit très précocement (4 à 6 mois d'âge);

- le type géant de grande taille, avec un port arborescent allant jusqu'à 20 m de haut avec de larges feuilles. Ce type fleurit habituellement deux fois par an. Il produit plus de biomasse que le type commun ;

- le type péruvien : regroupe des individus moyens d'environ 10 m de haut. Ces individus produisent néanmoins de très grandes quantités de feuillage et sont donc bien désignés pour la production fourragère (WORK, cité par AHONSU, 1994).

Du point de vue écologique le *Leucaena* s'adapte plus ou moins bien à diverses zones écologique surtout en ce qui concerne le type de sol. Mais il offre un meilleur rendement sur les sols légers et bien filtrants avec un pH alcalin ou neutre. Il se développe mal sur des sols acides.

Le *Leucaena* se propage bien de façon naturelle. Mais pour son utilisation dans les champs agroforestiers, les graines nécessitent des traitements spécifiques.

Nombreuses sont les études qui ont été menées pour démontrer les intérêts attribués à l'utilisation du *Leucaena* dans les différents systèmes culturaux. Outre les avantages liés à sa production de bois et à la conservation du sol, le mérite du *Leucaena* tient surtout à la grande capacité à fixer l'azote atmosphérique.

L'efficacité de fixation d'azote conditionne la richesse en protéine de la biomasse produite. Le *Leucaena* est donc bien reconnu comme un excellent fourrage par ses feuilles et ayant de bonnes performances dans l'amélioration de la fertilité du sol. En effet 1000 pieds de *Leucaena* par hectare, taillés tous les deux mois, apportent au sol par an, une quantité d'azote équivalente à 100 kg/ha de sulfate d'ammoniaque et une quantité d'acide phosphorique équivalent à 100 kg/ha de superphosphate double, d'après les travaux de DIJKMAN (1950). Selon GATES (1970), pourvu que les conditions soient satisfaisantes, la croissance et la fixation d'azote chez le *Leucaena* sont ininterrompues.

D'autres essais conduits au sud du Nigeria par KANG et DUGUMA (1985) indiquent que cinq élagages annuels de *Leucaena* cultivé en haies espacées de 4 m produisent plus de 230 kg de N/ha/an. Cependant SANGINGA et al (1989) ont constaté une augmentation de 10 % de l'efficacité des émondes lorsque le *Leucaena* a été inoculé à l'aide de rhizobium.

Malgré les différentes utilisations du *Leucaena* en agriculture et dans l'alimentation des bétails et volailles, quelques risques sont à signaler dans l'utilisation excessive de la plante en tant que fourrage. Ces risques de toxicité sont liés à la présence de la mimosine dans les feuilles. Mais selon JONES (1991), le problème peut être écarté car la toxicité liée à la mimosine ne se manifestait que dans les régions où la DHP (3 Hydroxy-4(1H) pyridine) ne pouvait pas être dégradée. A son avis des bactéries dégradant la DHP, ingérées par les ruminants se propagent rapidement par la contamination dans le troupeau. Alors le risque de toxicité est écarté.

Enfin le *Leucaena* est sérieusement menacé dans certaines régions par le psylle ou pseudo puceron du nom de *Heteropsylla cubana*. Cet insecte suceur se nourrit des jeunes tiges et de feuilles de *Leucaena* et peut provoquer la défoliation et le dépérissement de l'arbre. Les stratégies de lutte élaborées sont l'utilisation de variétés de *Leucaena* résistantes à cet insecte.

d - *Samanea saman* (Jacq.) Merrill

Encore appelée *Albizia saman* (Jacq.) F. Muell., la plante est originaire d'Amérique tropicale. Au Togo, on l'appelle «Yovoziwotogan».

Aujourd'hui répandue dans toute la zone tropicale, l'espèce a une hauteur de 20 – 25 m. Des sujets de 100 ans peuvent avoir une hauteur de 46 m, un diamètre du tronc de 2,5 m et un diamètre de la cime de 55 m.

Le fût est bas branchu. Le feuillage est toujours vert et se renouvelle deux fois par an. Les feuilles bipennées, se replient pendant la nuit et quand il pleut.

Le système racinaire est profond avec des racines latérales traçantes.

Les inflorescences sont composées de petites fleurs très décoratives ayant de nombreux filets blancs avec des étamines roses.

Les fruits sont des gousses de 20 à 30 cm.

Dans les champs multiétagés au sud du Togo, la plante est utilisée pour fertiliser le café, le palmier à huile, les vivriers, les vergers. C'est l'arbre «miracle» pour le cacao.

Dans les champs en couloirs au sud du Togo, *Samanea saman* supporte l'émondage. C'est un arbre d'une grande importance pour diversifier la composition des haies. Il est utilisé pour fertiliser tous les vivriers et le coton.

Il fournit du fourrage pour tous les herbivores et du bois de chauffe (DEVRESSE et LAWSON, 1998).

Dans les champs en couloirs au sud du Togo, les espèces d'arbres agroforestiers sont régulièrement étêtées à 80 cm de haut et leurs émondes enfouies, fournissent de la matière organique au sol.

2.1.2.2. Le maïs (*Zea mays* L.)

La plante saisonnière associée dans le temps aux espèces d'arbres agroforestiers est le maïs (*Zea mays* L.), variété Ikénné. Elle est cultivée dans plusieurs villages du Togo. Les caractéristiques de la variété sont les suivantes :

Le Mexique est l'origine géographique et génétique de la variété obtenue à partir de Mexico 8049.

Caractères végétatifs :

D'après les différents travaux de recherche réalisés au Togo, la taille maximale des plants de la variété Ikenné est de 2,10 m.

La hauteur d'insertion de l'épi est de 90 cm.

Les épis ont une forme cylindrique.

Caractère du grain :

Les grains sont des caryopses de couleur blanche, texture dentée à semi-dentée et à endosperme farineux.

Caractères agronomiques :

Le cycle végétatif de la variété Ikénné est 90 jours.

Elle a une bonne résistance à la verse, à la casse et au streak virus. Sa tolérance à la sécheresse est bonne.

Au Togo, le rendement maximal est de 5 t.ha^{-1} (AGATE, 1999).

Certaines des caractéristiques phénologiques de la variété Ikénné sont les suivantes :

Début de levée : 4ème jour après le semis.

Début épiaison : 47ème jour après le semis.

Début floraison : 51ème jour après le semis.

Début maturité : 100ème jour après le semis.

2.1.3. Engrais minéraux et fumure organique

2.1.3.1. Engrais minéraux

Au Togo, quatre grands groupes d'engrais minéraux sont importés. Il s'agit des engrais azotés (urée, sulfate d'ammonium), phosphatés (diamophos, simple superphosphate, triple superphosphate), potassiques (chlorure de potassium, sulfate de potassium) et les complexes (NPK : 10-20-20 ; 20-10-10 ; 15-15-15 ; NPK : 12-22-12 +5S +1B), (KEKEH, 2000).

Trois principaux engrais simples sont utilisés au cours de nos essais ; il s'agit de :

- l'urée CO (NH$_2$)$_2$ (46 % N);

- du triple superphosphate TSP (46 % P$_2$O$_5$) ;

- du chlorure de potassium KCl (60 % K$_2$O).

L'apport des engrais au cours des essais a été fractionné pour l'ensemble des parcelles. Un premier épandage a été effectué deux semaines après la levée à la suite du premier sarclage. Un second épandage a lieu au début de la floraison mâle, à 60 jours après le semis. Il faut noter que le TSP a été appliqué en totalité au premier épandage.

De petits sillons ont été creusés à environ 10 cm de part et d'autre de chaque plant de maïs. Ces sillons sont recouverts de terre après avoir reçus les engrais minéraux.

2.1.3.2. Fumure organique

La fumure organique est constituée de la biomasse foliaire des espèces d'arbres agroforestiers utilisés. La partie terminale non lignifiée des branches de ces espèces a été également incorporée à la biomasse foliaire et enfouie dans le sol.

2.1.4. Autres matériels

Les matériels utilisés pour la réalisation des travaux au champ d'essai, pour la collecte des données et pour le traitement des résultats sont regroupés dans le tableau 2.2.

Tableau 2.2. Autres matériels utilisés pendant l'essai et leurs buts

Matériel	Opération effectuée
Coupe-coupe	Elagage des haies d'arbres agroforestiers
Houes	Labour, enfouissement de la biomasse foliaire et sarclage
Piquets en bois	Délimitation des blocs de différents traitements et des lignes de semis du maïs
Mètre ruban	Mesure de la hauteur des plants de maïs
Brouettes, sacs de jute	Récolte et transport des épis récoltés
Etiquettes et marqueurs	Marquage et repérage des plants
Sachets plastiques	Ensachage des grains
Balance	Pesées
Tarière	Prélèvement d'échantillons de sol

2.2. Méthodes

2.2.1. Installation des haies d'arbres agroforestiers

Les haies d'arbres agroforestiers ont été installées depuis 2 ans pour la jachère améliorée de 2 ans (J2) et depuis 3 ans pour la jachère améliorée de 3 ans (J3).

La photo 1 présente une vue des haies d'arbres agroforestiers non élagués en début des opérations culturales.

Chaque haie est constituée d'un mélange de 2 ou 3 espèces agroforestières ligneuses choisies entre *Albizia chevalieri*, *Albizia lebbeck*, *Leucaena leucocephala* et *Samanea saman*.

Les haies orientées est-ouest sont distantes entre elles de 7 m et l'écartement entre les plants dans une haie est de 0,5 m.

Photo 1 : Haie d'arbres agroforestiers non élagués (jachère améliorée) après défrichement

2.2.2. Dispositif expérimental

Le dispositif expérimental adopté est celui en blocs aléatoires complets avec parcelles divisées (dispositif en split plot). Sur les deux jachères améliorées (J2 et J3), le dispositif comporte quatre répétitions disposées en blocs (I, II, III, IV). Chaque bloc est constitué de 6 parcelles élémentaires dont chacune occupe une superficie de 24 m², soit 6 m x 4 m. Au sein d'un bloc, deux parcelles contiguës sont séparées par une allée de 1 m. Nous avons disposé de 24 parcelles élémentaires pour chaque type de jachère (figures 2.1 et 2.2), soit au total 48 parcelles élémentaires pour l'ensemble de l'essai.

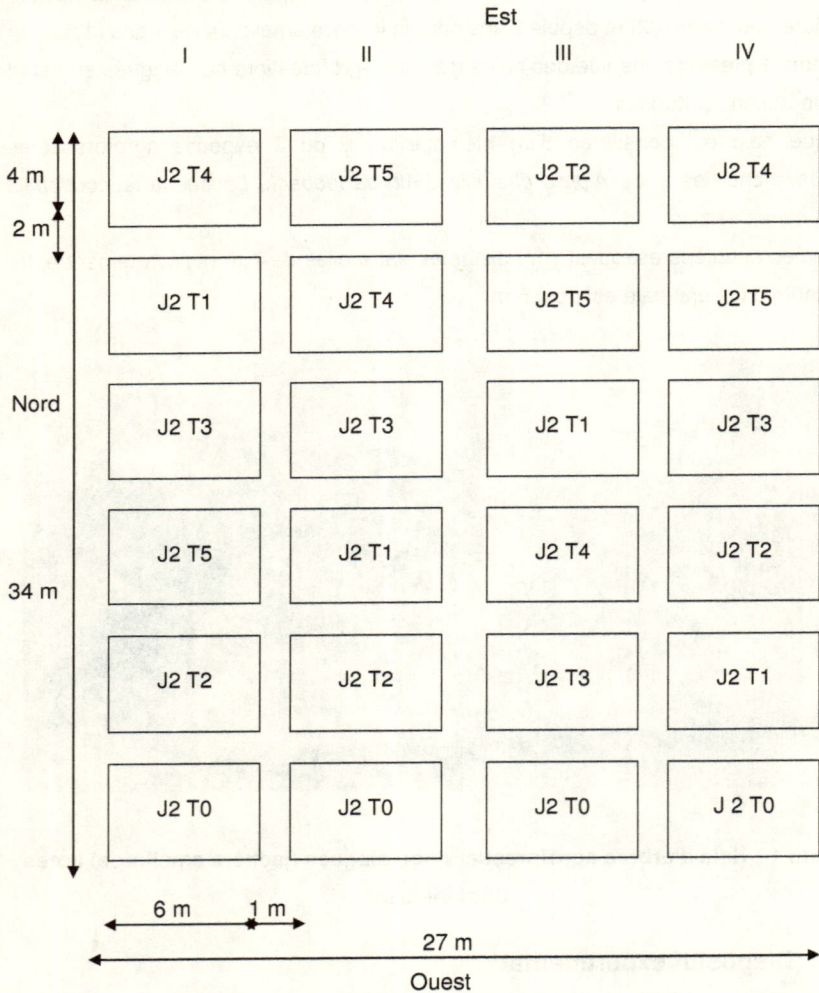

Est

	I	II	III	IV
4 m / 2 m	J2 T4	J2 T5	J2 T2	J2 T4
	J2 T1	J2 T4	J2 T5	J2 T5
Nord	J2 T3	J2 T3	J2 T1	J2 T3
	J2 T5	J2 T1	J2 T4	J2 T2
34 m	J2 T2	J2 T2	J2 T3	J2 T1
	J2 T0	J2 T0	J2 T0	J 2 T0

6 m   1 m

27 m

Ouest

Figure 2.1. Le dispositif de l'essai : Jachère améliorée de 2 ans (J2)

34

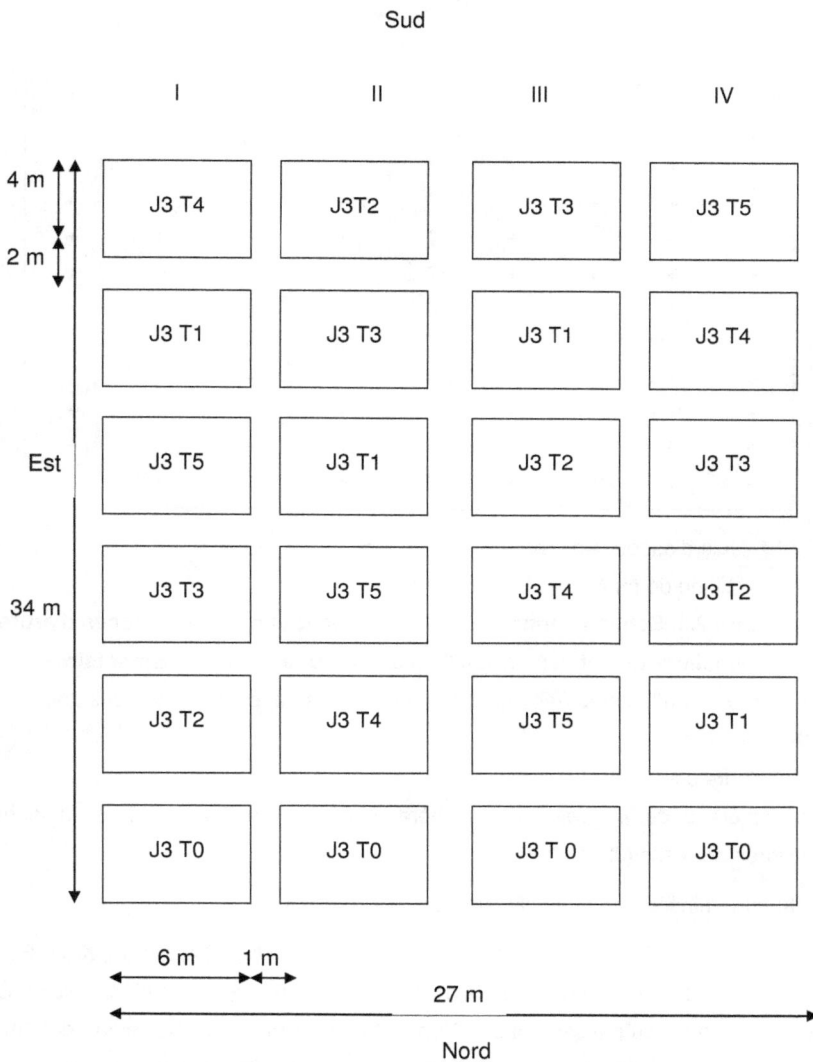

Sud

	I	II	III	IV
4 m	J3 T4	J3T2	J3 T3	J3 T5
2 m	J3 T1	J3 T3	J3 T1	J3 T4
Est	J3 T5	J3 T1	J3 T2	J3 T3
34 m	J3 T3	J3 T5	J3 T4	J3 T2
	J3 T2	J3 T4	J3 T5	J3 T1
	J3 T0	J3 T0	J3 T 0	J3 T0

6 m   1 m

27 m

Nord

Figure 2.2. Le dispositif de l'essai: Jachère améliorée de 3 ans (J3)

35

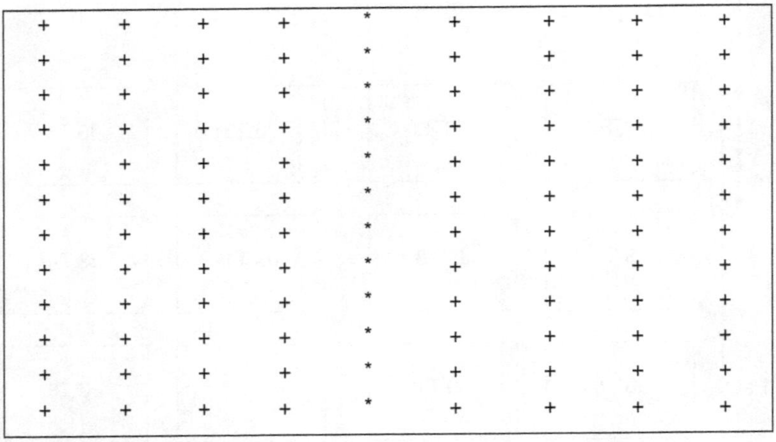

* * * Haie d'espèces d'arbres agroforestiers

+ + + Ligne de maïs

Figure 2.3. Schéma montrant la disposition d'une haie d'espèces d'arbres améliorantes et des lignes de maïs sur une parcelle élémentaire

Les différents traitements (tableau 2.3) sont obtenus par combinaison des deux facteurs étudiés.

Ces facteurs sont :

- la jachère à deux niveaux : la jachère améliorée de 2 ans (J2) et la jachère améliorée de 3 ans (J3) ;

- la fumure minérale dont les niveaux sont les suivants :

$N_0 P_0 K_0$ (T1) ; $N_0 P_{15} K_{30}$ (T2) ; $N_0 P_{30} K_{30}$ (T3) ; $N_{38} P_{15} K_{30}$ (T4) ; $N_{38} P_{30} K_{30}$ (T5).

$N_{38} P_{15} K_{30}$ est la moitié de la dose d'engrais minéraux recommandée et vulgarisée par l'ITRA en milieu paysan dans la Région Maritime du Togo. Ce niveau de fumure a été retenu comme niveau de base auquel ont été ajoutés les autres niveaux.

Une formule minérale $N_x P_y K_z$ signifie que l'on apporte : x unités fertilisantes d'azote/ha soit x kg d'azote/ha ; y unités fertilisantes d'acide phosphorique/ha soit y kg de P_2O_5/ha ; z unités fertilisantes de potassium soit z kg de K_2O/ha.

Il faut remarquer aussi que notre essai comporte deux types de témoins :

- un témoin relatif constitué de jachère améliorée de 2 et 3 ans sans fumure minérale (J2 T1) et (J3 T1) ;

- un témoin absolu constitué de jachère graminéenne de 2 ans (J2T0) et de 3 ans (J3 T0).

Tableau 2.3. Les différents traitements de l'essai «Jachère améliorée -fumure minérale – maïs»

Fumure minérale (kg.ha^{-1})			Jachère améliorée	
N (urée)	P (TSP)	K (KCl)	J2	J3
0	0	0	J2T1	J3T1
0	15	30	J2T2	J3T2
0	30	30	J2T3	J3T3
38	15	30	J2T4	J3T4
38	30	30	J2T5	J3T5

Pour faciliter la prise des différentes données enrégistrées sur le terrain, nous avons adopté la notation suivante :

Notation sur le terrain	Notation correspondant	Notation sur le terrain	Notation correspondant
T0	J2T0	T1	J3T0
T2	J2T1	T3	J3T1
T4	J2T2	T5	J3T2
T6	J2T3	T7	J3T3
T8	J2T4	T9	J3T4
T10	J2T5	T11	J3T5

Les notations indiquées sur les photos prises au cours de notre essai sont celles adoptées sur le terrain.

2.2.3. Agrotechnique

La variété Ikenné de maïs et les espèces agroforestières ligneuses qui constituent les jachères améliorées de 2 ans et de 3 ans sont les plantes – test l'essai. Le maïs a été cultivé pendant la grande saison de pluie.

Les opérations culturales ont débuté par la préparation du sol de l'essai. Elle a été suivie du semis du maïs puis de deux sarclages dont le premier est réalisé à la montaison et le second en début floraison. Les opérations de récolte du maïs sont intervenues 3 mois et deux semaines après la date de semis.

2.2.3.1. Préparation du terrain

Les travaux de préparation du sol visent l'obtention d'un lit de semis propice non seulement à la mise en terre des semences mais aussi aux autres opérations culturales.

Les opérations ont débuté avec le défrichement manuel des parcelles à l'aide d'une houe. Cette opération est suivie du nettoyage des parcelles qui consiste à un débardage de la défriche au moyen de pieux ou de coupe-coupe. Les parcelles ont été également débarrassées des souches d'arbres qui peuvent entraver la bonne conduite des opérations culturales. Les lignes de semis de maïs ont été délimitées par des piquets en bois. Cette opération a été précédée par la coupe des haies de ligneuses à 90 cm du sol.

Après les premières pluies il a été procédé au labour au cours duquel les émondes obtenues après élagage ont été enfouies dans les interlignes définies par les piquets matérialisant les futures lignes de semis de maïs.

2.2.3.2. Semis et démariage

Le semis de maïs est réalisé en ligne suivant des cordeaux tendus attachés aux piquets. Le schéma cultural est de 0,75 m x 0,30 m. Les poquets, d'une profondeur de 3 – 5 cm, ont reçu 3 grains chacun.

Deux semaines après le semis, soit dix jours après la levée, les semis ont été démariés à un plant par poquet ; seuls les plants les plus vigoureux ont été conservés.

2.2.3.3. Entretien

Les apports d'engrais et les sarclages sont les grands travaux d'entretien réalisés lors des essais.

Le premier apport d'engrais et le premier sarclage sont intervenus deux semaines après le semis du maïs c'est-à-dire à la montaison (stade 4 feuilles).

Pour ce premier apport, la dose du superphosphate est entièrement appliquée tandis que celles d'urée et du chlorure de potassium n'ont été apportées qu'à moitié.

Le deuxième apport d'engrais (seconde moitié d'urée et du chlorure de potassium) a été effectué en début floraison (stade de 8 à 10 feuilles) après le deuxième sarclage.

Les engrais minéraux ont été enfouis en bandes près des lignes de maïs à 3 cm de profondeur. Les bandes sont ensuite refermées par la houe afin d'éviter la volatilisation de l'azote contenu dans l'urée.

Les quantités d'engrais épandues sur les parcelles élémentaires sont obtenues à partir de la formule suivante :

$$Q = (X \times S) / (C \times 100) \quad \text{où :}$$

Q est la quantité d'engrais par parcelle en kg

X est la dose d'engrais en $kg.ha^{-1}$

S est la surface parcellaire en m^2

C est la teneur en unités fertilisantes en %.

Il existe des coefficients de conversion qui permettent de passer de P à P_2O_5 et de K à K_2O. Ces coefficients sont respectivement 2,29 et 1,205.

2.2.3.4. Gestion des haies

Durant la campagne agricole, les haies ont été soumises à un régime d'élagage à intervalle de 30 jours. Les haies sont au départ taillées à environ 90 cm au-dessus du sol. Après l'étêtage des arbres, les émondes (feuilles et ramilles non lignifiées) ont été séparées du bois et des rameaux lignifiés. Ces émondes sont alors enfouies après leur pesée.

Lors des élagages des ligneuses, toute la biomasse produite et récoltée est utilisée comme paillis après sa pesée.

Sur la jachère de 2 ans, le total des émondes produites est de 224,8 kg réparti équitablement sur les parcelles élémentaires sauf au niveau de la jachère graminéenne. Chacune de ces parcelles élémentaires a donc reçu 11,24 kg d'émondes, ce qui correspond à 4,68 $t.ha^{-1}$.

Sur la jachère de 3 ans, 340 kg d'émondes ont été produits. Chaque parcelle élémentaire de la vingtaine comportant les haies a reçu 17 kg d'émondes, ce qui correspond à 7,08 $t.ha^{-1}$.

2.2.3.5. Récolte

Trois mois après le semis, les plants de maïs ont atteint leur maturité physiologique. Cependant, afin que les grains soient secs, nous avons attendu deux semaines avant de procéder à la récolte. Elle a concerné les 2 lignes centrales situées de part et d'autre des haies de ligneuses en laissant les plants de bordure.

Les plants de maïs récoltés ont été attachés en gerbes représentatives puis pesés afin de déterminer la masse totale de la paille et des grains.

Après despathage et égrenage, les grains ont été pesés.

2.2.3.6. Prélèvements d'échantillons

- **Prélèvement d'échantillon végétal**

Après la récolte, des prélèvements d'échantillons de grain de maïs ont été effectués pour chaque traitement afin de doser leur teneur en azote. Ainsi ces échantillons de grain sont broyés et amenés au laboratoire où ils sont analysés.

- **Prélèvement d'échantillons de sol**

Au début de la campagne agricole, nous n'avons pas prélevé d'échantillons de sol car la teneur du sol en éléments minéraux et en matière organique est connue dès le début de l'installation des ligneuses (tableau 2.4).

Vers la fin de la campagne, des échantillons ont été prélevés dans les horizons 0 – 20 cm. Ces prélèvements ont été réalisés à la tarière en 3 points sur la diagonale de chaque parcelle élémentaire.

Tableau 2.4. Caractéristiques chimiques du sol du site expérimental au début de l'essai en août 2002

Elément	Teneur
Azote total N (%)	0,056
Phosphore assimilable P (ppm)	34
Potassium K (méq/100g)	0,12
Matière organique (%)	0,92

2.2.4. Travaux de laboratoire

Au laboratoire de pédochimie de l'ESA, les travaux suivants ont été réalisés :
- pesée des quantités d'engrais à épandre par parcelle élémentaire ;
- pesée des échantillons prélevés de paille avant et après leur mise à l'étuve à 105°C pendant 24 heures ;
- broyage des échantillons séchés ;
- ensachage des échantillons broyés en vue de les expédier pour les analyses chimiques.

Les travaux d'analyse du sol et de dosage de l'azote des grains ont été effectués dans les laboratoires de l'ITRA.

2.2.5. Calcul des rendements

Les rendements sont calculés sur la base de 14 % d'humidité des grains, taux d'humidité requis pour une bonne conservation du maïs. La formule suivante est utilisée :

$$R = m \times \frac{100 - Hc}{100 - Hs}$$

R : rendement à l'hectare

m : masse des grains récoltés ramenée à l'hectare

Hc : Humidité des grains au champ

Hs : Humidité standard (14 %)

Pour déterminer la teneur en protéines des grains de maïs, nous avons multiplié la teneur en azote total par 6,25 qui est coefficient de conversion pour les céréales et leurs dérivés.

P (%) = N (%) × 6,25. P est la teneur en protéine et N, la teneur en azote total.

2.2.6. Analyse statistique des résultats

L'analyse des résultats est faite à partir du logiciel MSTAT conçu pour la préparation, la gestion et l'analyse d'expériences agronomiques.

Le test F a été utilisé pour apprécier les différences entre les moyennes des traitements. Celui de DUNCAN au seuil de 5 % a servi à classer les traitements par groupes homogènes.

TROISIEME PARTIE : RESULTATS ET DISCUSSION

3.1. Effet de la JA et de la fumure minérale sur la croissance en hauteur des plants de maïs à la floraison

3.1.1. Effet de la JA sur la hauteur moyenne des plants de maïs à la floraison

Sur les deux types de jachère, l'analyse statistique ne révèle aucune différence significative entre la hauteur moyenne des plants de maïs. Le tableau 3.1 présente les résultats selon les types de jachère.

Tableau 3.1. Hauteur moyenne des plants de maïs à la floraison selon la durée de la JA

Traitement	Hauteur, m
J2	1,62
J3	1,56
Moyenne	1,59
F	NS
CV (%)	20,85

Les émondes apportées comme engrais vert au niveau des jachères de 2 ans et 3 ans ont certes favorisé la croissance en hauteur des plants de maïs grâce à la litière qui se transforme en humus, mais au stade de la floraison les plants n'ont pas extériorisé de différence selon la durée des jachères. Ceci peut s'expliquer par une utilisation non différenciée de l'azote symbiotique par les plants de maïs.

3.1.2. Effet de la fumure minérale sur la hauteur moyenne des plants de maïs à la floraison

La fumure minérale a eu un effet positif sur la hauteur moyenne des plants de maïs au début de la floraison. La hauteur la plus faible s'observe au niveau de la jachère de graminées qui n'a reçu aucune dose d'engrais (tableau 3.2 et figure 3.1).
Sur le plan statistique, aucune différence significative ne se dégage au niveau des hauteurs moyennes des plants de maïs cultivés sur les parcelles ayant reçu les doses expérimentales d'engrais minéraux.

Tableau 3.2. Variation de la hauteur moyenne des plants de maïs à la floraison selon différentes doses de fumure minérale

Traitement	Hauteur, m	Effet par apport à T0		Effet par rapport à T1	
		m	%	m	%
T0	0,96 b	-	-	-	-
T1	1,75 a	+ 0,79	+82	-	-
T2	1,67 a	+ 0,71	+74	- 0,08	-5
T3	1,76 a	+ 0,80	+83	+ 0,01	+1
T4	1,68 a	+ 0,72	+75	- 0,09	-5
T5	1,73 a	+ 0,76	+79	- 0,02	-1
Moyenne	1,59				
F	S				
CV (%)	10,89				
PPDS au seuil de 5%	0,18				

Les chiffres affectés des mêmes lettres sont statistiquement identiques.

Effet par rapport à T0 = hauteur moyenne obtenue avec un traitement Tn (n = 1, 2, 3, 4, 5) – hauteur moyenne obtenue avec T0 ; puis (différence/ T0) x 100.

Effet par rapport à T1 = hauteur moyenne obtenue avec un traitement Tn (n = 2, 3, 4, 5) – hauteur moyenne obtenue avec T1 ; puis (différence/ T1) x 100.

On note une bonne performance des plants de maïs sur la jachère améliorée sans engrais à la floraison.

L'analyse de la figure 3.1 montre que les plants de maïs ces traitements T4 et T5 n'ont pas la hauteur la plus élevée à la floraison.

On constate que la dose de 38 kg.ha^{-1} de N n'a pas eu d'effet perceptible sur la hauteur moyenne des plants de maïs avant la floraison.

L'azote symbiotique qu'apportent les arbres agroforestiers de la jachère améliorée serait suffisant pour favoriser une bonne croissance en hauteur des plants de maïs à la floraison.

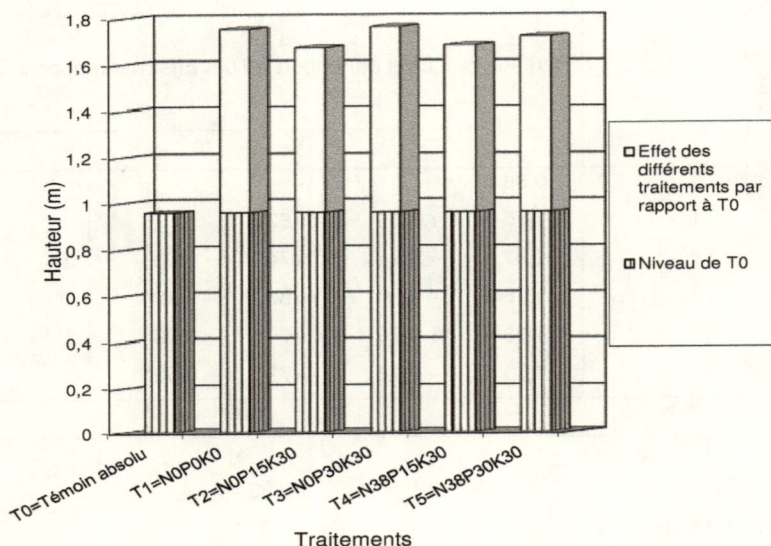

Figure 3.1. Histogramme de la hauteur moyenne des plants de maïs à la floraison selon les différentes doses de fumure minérale

3.1.3. Effet de la JA et de la fumure minérale sur la hauteur moyenne des plants de maïs à la floraison

L'analyse statistique de la variance révèle une différence significative au niveau de la hauteur des plants de maïs à la floraison (tableau 3.3). Les hauteurs les plus faibles sont enregistrées au niveau des plants de maïs portés par les jachères non améliorées.

Tableau 3.3. Variation de la hauteur moyenne des plants de maïs au début de la floraison sous l'effet simultané de la JA et de la fumure minérale

Traitement	Hauteur, m	
	J2	J3
T0	1,01 b	0,91 b
T1	1,82 a	1,68 a
T2	1,70 a	1,67 a
T3	1,83 a	1,69 a
T4	1,68 a	1,68 a
T5	1,72 a	1,73 a
Moyenne	1,59	
F	S	
CV (%)	10,89	
PPDS au seuil de 5%	0,18	

La réaction des plants de maïs en ce qui concerne la croissance en hauteur reste la même au niveau des parcelles de la jachère améliorée avec ou sans engrais. Ce résultat montre qu'à la floraison, les différentes doses d'engrais n'ont pas permis de stimuler la croissance en hauteur des plants de maïs comparativement à ceux des jachères améliorées sans engrais. Ce constat pourrait s'expliquer par :

- existence suffisante de matière organique provenant de la litière des arbres agroforestiers. Cette quantité de matière organique a favorisé la croissance en hauteur des plants de maïs des JA sans engrais de la même manière que celle des plants de maïs des JA avec engrais.

- Un pouvoir important de recyclage d'éléments minéraux par les espèces ligneuses associés aux plants de maïs ; en effet les ligneuses multifonctionnelles utilisées recyclent un nombre important d'éléments minéraux, en particulier l'azote.

Ces éléments sont mis à la disposition des cultures saisonnières associées aux ligneuses. Ils peuvent donc en favoriser la croissance en hauteur sans utilisation considérable d'engrais minéraux. Ces observations sont en accord avec celles des auteurs comme : GALIANA et al (1998) en Malaisie, BINKLEY et al (1992) à Hawaï, MULLEN et al (1998) au Vietnam et YATTARA (1996) au Mali.

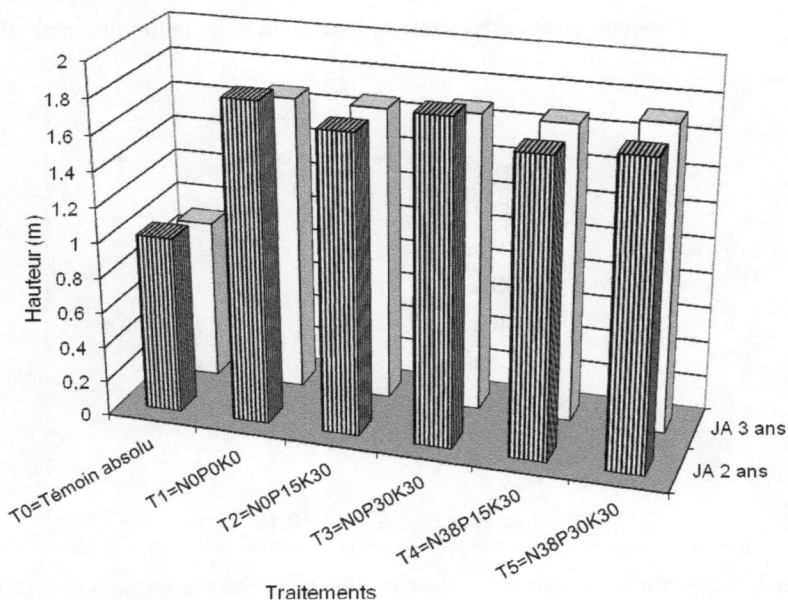

Figure 3.2. Histogramme de la hauteur moyenne des plants de maïs au début de la floraison sous l'effet simultané de la JA et de la fumure minérale

3.2. Effet de la JA et de la fumure minérale sur la croissance en hauteur des plants de maïs à la maturité physiologique

3.2.1. Effet de la JA sur la hauteur moyenne des plants de maïs à la maturité physiologique

Comme à la floraison, l'analyse statistique des résultats obtenus (tableau 3.4) ne révèle aucune différence significative entre les hauteurs moyennes des plants de maïs à la maturité physiologique. La jachère de deux ans et celle de trois ans ont donc des effets similaires sur les hauteurs moyennes des plants de maïs.

Tableau 3.4. Hauteur moyenne des plants de maïs à la maturité physiologique selon la durée de la JA

Traitement	Hauteur, m
J2	1,73
J3	1,68
Moyenne	1,71
F	NS
CV (%)	12,67

3.2.2. Effet de la fumure minérale sur la hauteur moyenne des plants de maïs à la maturité physiologique

A la maturité physiologique, la hauteur la plus élevée est obtenue au niveau des traitements T1 et T3 (tableau 3.5). L'effet est de + 0,57 m c'est-à-dire 45% par rapport au témoin absolu. La comparaison des effets montre que les traitements T2, T4 et T5 ont permis d'avoir une hauteur moyenne des plants de maïs à la maturité physiologique proche de celle obtenue au niveau de T1 et T3. Bien que l'azote soit un facteur de croissance, la dose de 38 kg.ha^{-1} (N_{38}) n'a pas provoqué d'amélioration visible de la croissance en hauteur des plants de maïs.

Tableau 3.5. Hauteur moyenne des plants de maïs à la maturité physiologique selon différentes doses de fumure minérale

Traitement	Hauteur, m	Effet par apport à T0		Effet par rapport à T1	
		m	%	m	%
T0	1,27 b	-	-	-	-
T1	1,84 a	+ 0,57	+45	-	-
T2	1,76 a	+ 0,49	+39	- 0,08	-4
T3	1,84 a	+ 0,57	+45	0	0
T4	1,77 a	+ 0,51	+40	- 0,07	-4
T5	1,79 a	+ 0,53	+42	- 0,05	-4
Moyenne	1,71				
F	S				
CV (%)	7,16				
PPDS au seuil de 5%	0,13				

Photo2 : Plants de maïs sur une parcelle du témoin absolu
(jachères naturelles sans fumure minérale)

Photo 3 : Plants de maïs sur une parcelle du témoin relatif
(jachères améliorées sans fumure minérale)

Ces résultats montrent qu'au niveau des traitements T4 et T5 la dose 38 kg.ha^{-1} d'azote n'a pas influencé la hauteur des plants de maïs. Toutefois il est souhaitable d'apporter cette dose afin d'améliorer la teneur en protéines et donc la qualité des grains de maïs formés.

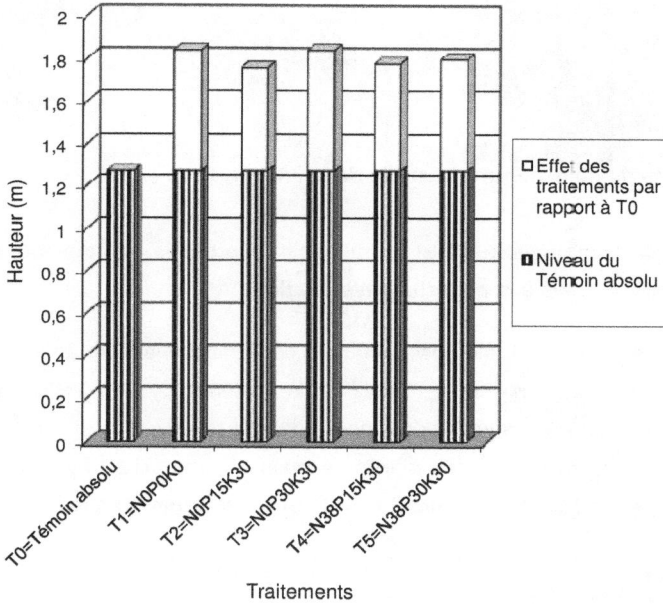

Figure 3.3. Histogramme de la hauteur moyenne des plants de maïs à la maturité physiologique selon différentes doses de fumure minérale

Photo 4 : Plants de maïs sur une parcelle de la JA + $N_{38}P_{30}K_{30}$

3.2.3. Effet de la combinaison JA et fumure minérale sur la hauteur moyenne des plants de maïs à la maturité physiologique

Au cours de la végétation, il a été observé que la combinaison jachère améliorée et fumure minérale a produit un effet significatif sur la hauteur moyenne des plants de maïs comme le montrent les données consignées dans le tableau 3.6.

Tableau 3.6. Hauteur moyenne des plants de maïs à la maturité physiologique sous l'effet de la combinaison JA et fumure minérale

Traitement	Hauteur, m	
	J2	J3
T0	1,29 c	1,25 c
T1	1,92 a	1,77 b
T2	1,75 b	1,76 b
T3	1,89 a	1,78 b
T4	1,78 b	1,77 b
T5	1,91 a	1,81 ab
Moyenne		1,71
F		S
CV (%)		7,16
PPDS au seuil de 5 %		0,13

Les hauteurs les plus faibles sont enregistrées au niveau de J3T0 et J2T0 respectivement jachère non améliorée de 3 ans sans fumure minérale et jachère non améliorée de 2 ans sans fumure minérale (tableau 3.6).

Au niveau de la JA de 2 ans, T3 et T5 ont fourni un bon résultat statistiquement proche de celui de T1.

Sur la JA de 3 ans, l'analyse statistique montre une variation significative de la hauteur moyenne des plants de maïs selon les différents traitements.

La hauteur la plus élevée est obtenue avec le traitement T5 alors qu'elle est moyenne selon les traitements T1, T2, T3, T4.

Les résultats obtenus (figure 3.4) montrent que la combinaison de la JA et de la fumure minérale a une influence sur la hauteur des plants de maïs au cours de la végétation. Le meilleur résultat est obtenu sur la JA de 2 ans sans engrais minéraux. Ceci signifie que la matière organique issue de la litière des arbres agroforestiers et l'azote symbiotique fixé par ces arbres contribuent à l'intensification de la croissance en hauteur des plants de maïs.

Malgré la bonne performance des plants de maïs au niveau du J2T1, le résultat fourni par J2T5 paraît intéressant car le souci premier du système c'est la recherche de la durabilité. Il est donc souhaitable qu'une dose minimale d'engrais minéraux soit apportée aux plants de vivrières pouusant sur litières organique. D'ailleurs selon YOUNG (1995), la solubilisation des engrais est accrue en présence de la matière organique.

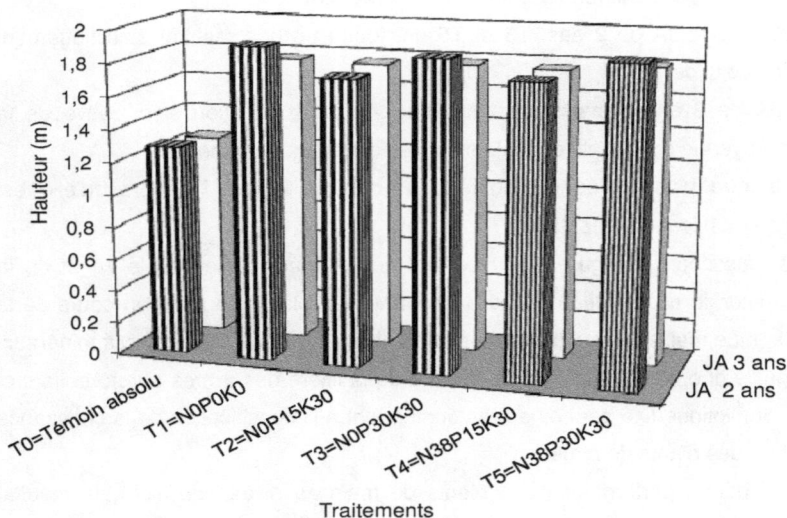

Figure 3.4. Histogramme de la hauteur moyenne des plants de maïs à la maturité physiologique sous l'effet de la combinaison JA et fumure minérale

3.3. Effet de la JA et de la fumure minérale sur le nombre moyen de feuilles par plants de maïs à la floraison

3.3.1. Effet de la JA sur le nombre moyen de feuilles par plant de maïs à la floraison

Le nombre moyen de feuilles par plant de maïs et par parcelle élémentaire est déterminé à la floraison afin d'apprécier l'importance de la photosynthèse. En effet, il a été démontré que la surface assimilatrice joue un rôle important dans l'élaboration du rendement en grains des cultures céréalières (ADJETEY-BAHUN, 1989). Les résultats obtenus sont consignés dans le tableau 3.7.

Tableau 3.7. Effet de la JA sur le nombre moyen de feuilles par plant de maïs à la floraison

Traitement	Nombre moyen, u
J2	11,31 a
J3	10,73 b
Moyenne	11,02
F	S
CV (%)	4,89
PPDS au seuil de 5 %	1,21

L'analyse statistique indique une différence significative entre les deux types de JA (tableau 3.7).

Les plants de maïs portent en moyenne 11,31 feuilles au niveau de la JA de 2 ans tandis que ceux de la JA de 3 ans portent en moyenne 10,73 feuilles.

Ce résultat montre que les plants de maïs développés sur la JA de 2 ans ont formé des surfaces photosynthétiques plus importantes que celles de la JA de 3 ans. En d'autres termes, les surfaces assimilatrices des plants de maïs de la JA de 2 ans sont plus grandes de taille que celles des plants de maïs cultivés sur la JA de 3 ans. Ainsi, ils sont plus capables de photosynthèse intense que ceux des autres traitements.

Chez les plants de maïs le phénomène de photosynthèse dépend du nombre de feuilles, de la surface foliaire et selon que les feuilles sont quasi-verticales ou horizontales, ce qui détermine leur aptitude à recevoir le rayonnement solaire.

Nous pouvons donc dire que la matière organique apporté et l'azote symbiotique fixé par les ligneuses ont contribué à améliorer l'assimilation chlorophyllienne beaucoup plus chez les plants de maïs portés par la JA de 2 ans que chez ceux portés par la JA de 3 ans.

3.3.2. Effet de la fumure minérale sur le nombre moyen de feuilles par plant de maïs à la floraison

L'effet de la fumure minérale sur le nombre moyen de feuilles par plant de maïs à la floraison est indiqué dans le tableau 3.8.

Tableau 3.8. Nombre moyen de feuilles par plant de maïs à la floraison sous l'effet de la fumure minérale

Traitement	Nombre, u	Effet par apport à T0		Effet par rapport à T1	
		u	%	u	%
T0	10 b	-	-	-	-
T1	11,34 a	+1,34	+13	-	-
T2	11,04 a	+1,04	+10	- 0,30	-3
T3	11,14 a	+1,14	+11	- 0,20	-2
T4	11,16 a	+1,16	+12	- 0,18	-2
T5	11,54 a	+1,54	+15	+ 0,20	+2
Moyenne		11,02			
F		S			
CV (%)		5,74			
PPDS au seuil de 5%		0,65			

L'analyse statistique montre que l'apport de la fumure minérale a eu un effet positif sur le nombre moyen de feuilles par plant de maïs par rapport à T0. L'effet le plus élevé est observé au traitement T5 c'est-à-dire 38 kg.ha^{-1} de N, 30 kg.ha^{-1} de P_2O_5 et 30 kg.ha^{-1} de K_2O. Les traitements T1, T2, T3 et T4 ont produit le même effet positif que le traitement T5 par rapport à T0.

L'effet produit par les traitements T2, T3, T4 et T5 par rapport à T1 est non significatif.

La fumure minérale en particulier la fumure azotée commande l'assimilation chlorophyllienne. Le résultat obtenu au niveau du traitement T5 démontre l'importance capitale de l'azote dans la vie de la plante.

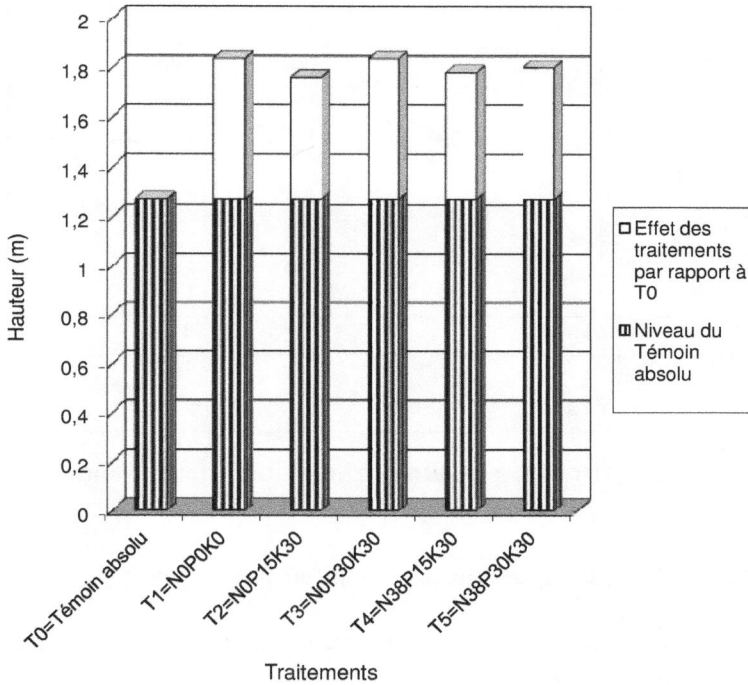

Figure 3.5. Histogramme du nombre moyen de feuilles par plants de maïs à la floraison sous l'effet de la fumure minérale

3.3.3. Effet de la combinaison JA et fumure minérale sur le nombre moyen de feuilles par plant de maïs à la floraison

L'action simultanée de la JA et de la fumure minérale n'est pas significative sur le nombre moyen de feuilles par plant de maïs à la floraison. Les résultats obtenus sont consignés dans le tableau 3.9.

Tableau 3.9. Nombre moyen de feuilles par plant de maïs à la floraison sous l'effet de la combianison JA et fumure minérale

Traitement	Nombre, u	
	J2	J3
T0	10,31	9,48
T1	12,08	10,61
T2	11,08	11,01
T3	11,35	10,93
T4	11,40	10,93
T5	11,66	11,43
Moyenne		11,02
F		NS
CV (%)		5,74

3.4. Effet de la JA et de la fumure minérale sur le rendement en paille du maïs

3.4.1. Effet de la JA sur le rendement en paille du maïs

L'analyse statistique ne révèle aucune différence significative entre les rendements en paille du maïs selon les deux types de JA (tableau 3.10).

Tableau 3.10. Rendement en paille du maïs selon la durée de la JA

Traitement	Rendement, $t.ha^{-1}$
J2	6,51
J3	5,70
Moyenne	6,10
F	NS
CV (%)	23,57

Ce résultat indique que la JA de 2 ans et celle de 3 ans ont fourni un effet presque similaire sur la production en paille du maïs.

3.4.2. Effet de la fumure minérale sur le rendement en paille du maïs

L'apport de la fumure minérale a eu un effet positif sur le rendement en paille du maïs, alors que ce dernier paramètre est resté indépendant de la durée de la JA. La dose de $N_{38}P_{30}K_{30}$ (38 kg/ha de N + 30 kg/ha de P_2O_5 + 30 kg/ha de K_2O) a permis d'obtenir le rendement en paille le plus élevé tandis que le rendement en paille le plus faible est produit par le traitement T0 (tableau 3.11 et figure 3.6)

Tableau 3.11. Rendement en paille du maïs selon différentes doses de fumure minérale

Traitement	Rendement, t.ha^{-1}	Effet par apport à T0		Effet par rapport à T1	
		t.ha^{-1}	%	t.ha^{-1}	%
T0	2,62 c	-	-	-	-
T1	6,60 ab	+ 3,98	+152	-	-
T2	6,24 b	+ 3,62	+138	- 0,36	+6
T3	6,89 ab	+ 4,27	+163	– 0,29	+4
T4	6,95 ab	+ 4,33	+165	– 0,35	+5
T5	7,85 a	+ 5,23	+200	– 1,25	+19
Moyenne			6,10		
F			S		
CV (%)			15,16		
PPDS au seuil de 5%			0,92		

Sur le plan statistique, il ne se dégage aucune différence significative entre les valeurs du rendement en paille du maïs obtenues dans les traitements T1, T2, T3 et T4. Par rapport au témoin absolu T0, les effets produits par les traitements T1, T2, T3, T4 et T5 sont positifs et estimés respectivement à + 3,98 t.ha^{-1}, + 3,62 t.ha^{-1}, + 4,27 t.ha^{-1}, + 4,33 t.ha^{-1} et + 5,23 t.ha $^{-1}$ de paille.

Ces résultats montrent que ni la fumure minérale sans azote (incomplète) $P_{15-30}K_{30}$ n'ont produit aucun effet significatif sur le rendement en paille du maïs par rapport au témoin T1. Cela veut dire que sur le plan du rendement en paille, les engrais minéraux utilisés n'ont pas amélioré la performance des jachères améliorées. Ce constat serait dû à une augmentation suffisante des teneurs du sol en N P K lors du processus de restauration de la fertilité du sol.

Ces résultats sont en accord avec les observations faites précédemment sur le maïs cultivé sur sol amélioré sous l'effet des engrais phosphatés. Ainsi LAMBONI (1999) indique qu'aux doses P_0, P_{20}, P_{40} , le phosphore associé aux doses de N et K ne produit aucun effet significatif sur le rendement en paille du maïs sur un sol amélioré par la matière organique provenant du mucuna. L'auteur a installé ses essais à Avéta, dans la Région Maritime du Togo. Il est souhaitable que la paille soit restituée au sol afin que ce dernier récupère une partie des éléments minéraux prélevés par les plants de maïs.

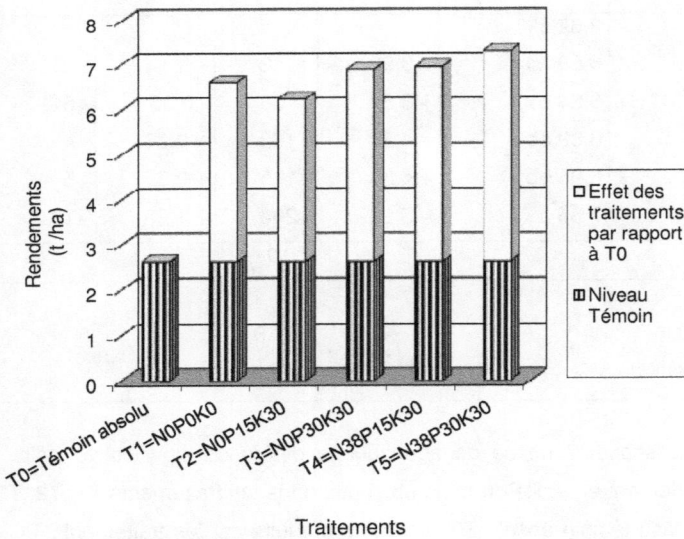

Figure 3.6. Histogramme du rendement en paille du maïs selon différentes doses de fumure minérale

3.4.3. Effet de la JA et de la fumure minérale sur le rendement en paille du maïs

Le tableau 3.12 présente le rendement en paille du maïs à 14 % d'humidité. Le rendement moyen en paille du maïs est de 6,10 t.ha^{-1}.

Tableau 3.12. Rendement en paille du maïs sous l'effet de la combinaison JA et fumure minérale

Traitement	Rendement, t.ha^{-1}	
	J2	J3
T0	2,36 f	2,87 f
T1	7,36 ab	5,84 de
T2	7,16 bc	5,32 e
T3	7,70 ab	6,08 de
T4	7,76 ab	6,14 de
T5	8,21 a	7,50 ab
Moyenne	6,10	
F	S	
CV (%)	15,16	
PPDS seuil de 5%	0,92	

Le rendement moyen en paille est de 6,10 t.ha^{-1} ; le rendement en paille du maïs le plus élevé est obtenu au niveau du traitement J2T5 (8,21 t.ha^{-1}). Le traitement J3T5 a donné un résultat statistiquement similaire.

Les jachères non améliorées de 2 et 3 ans sans fumure minérale (J2T0 et J3T0) ont donné les rendements en paille de maïs les plus faibles (2,36 t.ha^{-1} et 2,87 t.ha^{-1}).

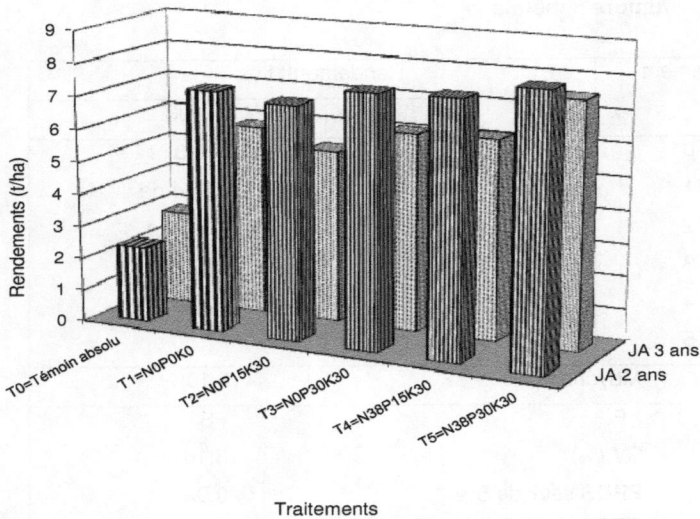

Figure 3.7. Histogramme du rendement en paille du maïs sous l'effet de la combinaison JA et fumure minérale

Les résultats sur le rendement en paille du maïs nous montrent que les plants de maïs ont efficacement utilisé l'azote mis à leur disposition par les ligneuses fertilitaires. Ces résultats démontrent une fois de plus le rôle important que joue l'azote dans le développement des parties végétatives d'une plante. Néanmoins l'apport d'azote organique et minéral doit rester dans une certaine limite de manière à ne pas favoriser une production excessive de la partie végétative au détriment des grains du maïs.

3.5. Effet de la JA et de la fumure minérale sur le rendement en grain du maïs

3.5.1. Effet de la JA sur le rendement en grain du maïs

La durée de la JA n'a pas eu un effet significatif sur le rendement en grain du maïs. C'est ce qui ressort des résultats obtenus et consignés dans le tableau 3.13.

Tableau 3.13. Rendement en grain du maïs selon la durée de la JA

Traitement	Rendement, t.ha^{-1}
J2	2,68
J3	2,44
Moyenne générale	2,56
F	NS
CV (%)	19,92

Ce résultat indique la possibilité de réduction de la durée des jachères surtout que celles-ci sont devenues rares à cause de l'augmentation galopante de la population dans la zone tropicale de l'Afrique et d'une occupation excessive des terres cultivables.

En ce qui concerne l'impact des jachères améliorées sur la production du grain de maïs, les résultats révèlent que ces jachères permettent d'accroître le rendement en grain.

Par rapport au témoin absolu (jachère graminéenne), la jachère améliorée de 2 ans a augmenté le rendement en grain du maïs de 2,12 t.ha^{-1} soit de 379 % ; La jachère améliorée de 3 ans a accru le rendement en grain de 1,88 t.ha^{-1} soit de 336 % par rapport à la jachère graminéenne.

Le déficit hydrique survenu au cours de la campagne agricole est un facteur non négligeable pour l'obtention du rendement en grain du maïs. En revanche la matière organique mise à la disposition des plants de maïs par les ligneuses fertilitaires a permis d'avoir un rendement qui fait la moitié du maximum obtenu au sud du Togo ces dernières années en station de recherche (AGATE, 1999). Nos résultats confirment ceux signalés par NIANG et al. (2000). Ces auteurs ont réalisé des essais sur des jachères de *Sesbania sesban* de différentes durées avec ou sans utilisation d'engrais minéraux. Une partie des résultats de leurs travaux selon la durée de la jachère est mentionnée dans le tableau suivant :

Tableau 3.14. Effet de la durée de la jachère améliorée sur la production de grains du maïs

Type de jachère	Production de grains, t.ha^{-1}			
	Durée de la jachère			
	2 ans	3 ans	4 ans	5 ans
Jachère améliorée de *Sesbania sesban*	2,29	2,87	2,36	2,39

Source : NIANG et al (2000)

Le tableau 3.14 montre que l'âge de la jachère améliorée n'a pas tellement influencé la production du grain de maïs. Ce résultat peut s'expliquer par une transformation rapide (en azote et autres éléments minéraux essentiels pour la production) de la matière organique qu'apporte la biomasse de *Sesbania sesban*.

Donc plus le temps de la jachère améliorée devient important, plus le sol peut perdre l'azote par volatilisation et les autres éléments minéraux par lessivage ou lixiviation (NIANG et al., 2000). D'où la nécessité de mettre à profit la jachère améliorée une fois que la grande partie de la matière organique apportée par cette jachère est humifiée c'est-à-dire transformée en azote et autres éléments minéraux essentiels assimilibles. On peut réduire ainsi le temps de mise en jachère d'une superficie cultivable par son amélioration grâce à des espèces ligneuses fertilitaires.

Le paysan qui a une petite superficie cultivable mais plusieurs « bouches à nourrir », peut tirer un grand avantage de l'amélioration des jachères.

3.5.2. Effet de la fumure minérale sur le rendement en grain du maïs

Les différentes doses de fumure minérale ont eu un effet significatif sur le rendement en grain du maïs à 14 % d'humidité. Le rendement moyen est de 2,56 t.ha^{-1}. Il faut remarquer que le manque ou l'absence de pluies pendant la « période critique » du maïs c'est–à–dire 30 à 40 jours encadrant la floraison, a énormément influencé le rendement en grain. Selon ROUANET (1990), un déficit d'eau à cette période a toujours eu des répercutions considérables sur le rendement : environ 60 % de perte de rendement.

Le tableau 3.15 présente les rendements en grain du maïs selon les doses de N, P_2O_5 et K_2O apportées à la culture.

Tableau 3.15. Rendement en grain du maïs selon différentes doses de fumure minérale

Traitement	Rendement, t.ha^{-1}	Effet par apport à T0		Effet par rapport à T1	
		t.ha^{-1}	%	t.ha^{-1}	%
T0	0,56 d	-	-	-	-
T1	2,74 c	+ 2,18	+ 389	-	-
T2	2,82 bc	+ 2,26	+ 403	– 0,08	+ 3
T3	2,65 c	+ 2,09	+ 373	- 0,09	- 3
T4	3,20 ab	+ 2,64	+ 471	– 0,46	+ 17
T5	3,40 a	+ 2,84	+ 507	– 0,66	+ 24
Moyenne			2,56		
F			S		
CV (%)			15,65		
PPDS au seuil de 5%			0,41		

Effet par rapport à T0 = rendement obtenu avec un traitement Tn (n = 1, 2, 3, 4, 5) – rendement obtenu avec T0 ; puis (différence/T0) x 100.

Effet par rapport à T1 = rendement obtenu avec un traitement Tn (n = 2, 3, 4,5) – rendement obtenu avec T1 ; puis (différence/T1) x 100.

Le traitement T5 a fourni le rendement en grain de maïs le plus élevé ; il est suivi du traitement T4. Les traitements T1, T2 et T3 ont fourni des rendements comparables au rendement moyen. Le rendement le plus faible est obtenu au niveau du traitement T0 (figure 3.8). Les résultats obtenus montrent que la combinaison des engrais phosphatés et potassiques à des doses de $P_{15}K_{30}$ et $P_{30}K_{30}$ n'a pas permis de produire un gain de rendement significatif par rapport à T1. C'est l'utilisation de la fumure minérale complète N P K qui a produit des gains de rendements significatifs par rapport à T1. Ainsi l'application de la dose $N_{38}P_{15}K_{30}$ a entraîné une augmentation du rendement en grain de + 0,46 t.ha^{-1}, soit de 17 % par rapport à T1. La dose $N_{38}P_{30}K_{30}$ a induit un gain de rendement de 24 % par rapport à T1.

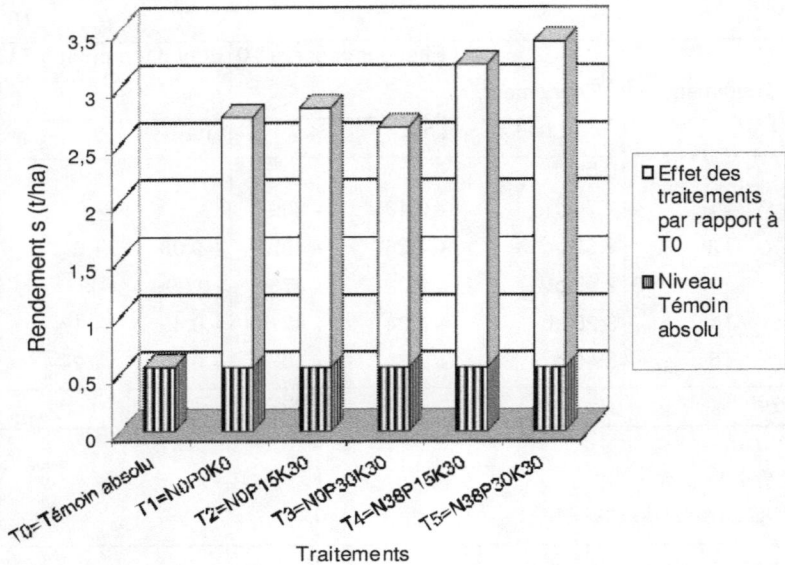

Figure 3.8. Histogramme du rendement en grain de maïs selon différentes doses de fumure minérale

3.5.3. Effet de la JA et de la fumure minérale sur le rendement en grain du maïs

L'action simultanée de la JA et de la fumure minérale a eu un effet significatif sur le rendement en grain de maïs. Les rendements en grain du maïs les plus élevés sont obtenus au niveau de J2T4, J2T5 et J3T5. Ces traitements ont fourni respectivement 3,51 t.ha^{-1}; 3,49 t.ha^{-1} et 3,32 t.ha^{-1} (Tableau 3.16).

Les rendements en grain du maïs proches de la moyenne générale sont obtenus au niveau de J2T1, J2T2, J2T3, J3T4, J3T2, J3T1 et J3T3. Les rendements les plus faibles sont fournis par J3T0 et J2T0.

Tableau 3.16. Rendement en grain du maïs sous l'effet de la combinaison JA et fumure minérale

Traitement	Rendement, $t.ha^{-1}$	
	J2	J3
T0	0, 53 c	0, 59 c
T1	2,92 b	2, 57 b
T2	2, 92 b	2, 73 b
T3	2, 75 b	2, 55 b
T4	3, 51 a	2, 89 b
T5	3, 49 a	3, 32 a
Moyenne générale		2, 56
F		S
CV (%)		15, 65
PPDS au seuil de 5%		0, 41

Ces résultats indiquent que la JA et l'apport de petites doses de N, de P_2O_5, et de K_2O permettent une augmentation significative du rendement en grain de maïs. Le rendement le plus élevé donné par la JA seule est de 2,68 $t.ha^{-1}$. La dose de $N_{38}P_{30}K_{30}$ a permis d'avoir un rendement maximal de 3,40 $t.ha^{-1}$. Le rendement le plus élevé résultant de l'action simultanée de la JA et de la fumure minérale $N_{38}P_{30}K_{30}$ est de 3,49 $t.ha^{-1}$ (figure 3.9).

Par rapport à la jachère graminéenne, la JA a permis d'accroître la production du maïs ; mais l'application de dose minimale d'engrais minéraux combinés à l'action de restauration du sol fournie par la JA permet d'avoir un rendement plus important ; cet avantage de la combinaison biomasse foliaire et engrais minéraux a été démontré par les travaux de l'ICRAF (1997) réalisées sur sols dégradés de l'ouest du Kenya dans le District de Vihiga. Selon ce centre, suite à une application de 5 tonnes de *Tithonia diversifolia*[*] (matière sèche) les paysans peuvent obtenir un rendement de maïs par hectare comparable au rendement obtenu par l'application des taux recommandés d'engrais minéraux de 60 $kg.ha^{-1}$ de N et 50 $kg.ha^{-1}$ de P_2O_5. Les meilleurs résultats sont obtenus lorsque *Tithonia* est enrichi avec un complément de

---

[*] Tithonia diversifolia ou tournesol sauvage est un arbuste succulent et tendre de la famille des Asteraceae. Au Kénya, la plante est plus utilisée dans les pratiques agroforestières pour la fertilisation des sols et l'augmentation du rendement des cultures vivrières.

phosphore issu du DAP à hauteur de 50% du taux normalement recommandé du DAP avec 5 t.ha^{-1} ou 2,5 t.ha^{-1} de biomasse sèche de *Tithonia*.

Au Togo, en utilisant de l'azote apporté sous forme de *Leucaena leucocephala*, et une fumure minérale incomplète P$_{30}$K$_{15}$ lors d'un essai mettant en jeu « l'effet des résidus de récolte sur la fertilité du sol et le rendement en grain du maïs », ADJETE (1997) a obtenu un rendement en grain du maïs égale à 3,07 t.ha^{-1} à Davié ; 2,19 t.ha^{-1} à Amoutchou et 3,26 t.ha^{-1} à Koukombo. Nos résultats sont similaires à ceux obtenus par ADJETE.

Il est donc avantageux que la biomasse foliaire des végétaux fertilitaires utilisée comme « engrais vert » soit combinée à une dose minimale d'engrais minéraux afin d'accroître le rendement des cultures.

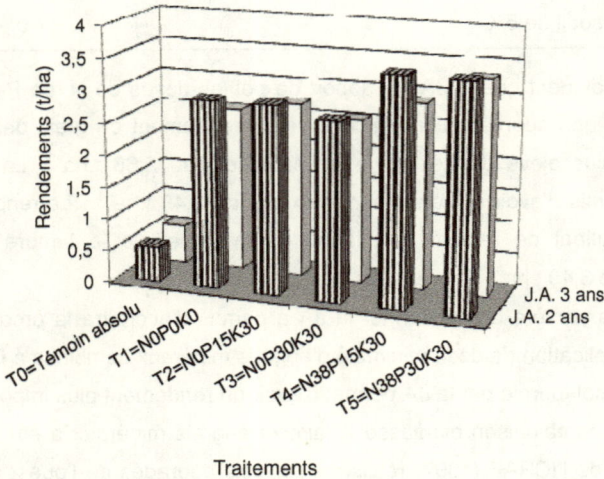

Figure 3.9. Histogramme du rendement en grain de maïs sous l'effet de la combinaison JA et fumure minérale

3.6. Effet de la JA et de la fumure minérale sur la masse de 1000 grains de maïs

3.6.1 Effet de la JA sur la masse de 1000 grains de maïs

Le tableau 3.17 présente la masse de 1000 grains de maïs obtenue sous l'effet de la jachère améliorée.

Tableau 3.17. Masse de 1000 grains de maïs selon la durée de la JA

Traitement	Masse de 1000 grains, g
J2	185,55
J3	186,38
Moyenne	185,96
F	NS
CV (%)	3,43

L'analyse statistique au seuil de 5% ne révèle aucune différence significative entre la masse de 1000 grains de maïs élaborés sous l'effet de la durée de la jachère améliorée. Néanmoins la masse de 1000 grains de maïs enregistrée sous l'effet de la JA de 2 ans reste proche de la moyenne générale obtenue sur les deux jachères améliorées tandis que celle enregistrée sous l'effet de la JA de 3 ans reste légèrement supérieure à la moyenne générale.

3.6.2. Effet de la fumure minérale sur la masse de 1000 grains de maïs

Les résultats obtenus montrent qu'il existe une différence significative entre la masse de 1000 grains récoltés au niveau des différents traitements (tableau 3.18 et figure 3.10).

Tableau 3.18. Masse de 1000 grains de maïs selon différentes doses de fumure minérale

Traitement	Masse de 1000 grains de maïs, g	Effet par rapport à T0		Effet par rapport à T1	
		g	%	g	%
T0	157,74 b	-	-	-	-
T1	191,79 a	+34,05	+22	-	-
T2	192,15 a	+34,41	+22	+ 0,36	+0,2
T3	190,37 a	+32,63	+21	- 1,42	-1
T4	190,84 a	+33,10	+21	- 0,95	- 1
T5	192,92 a	+35,18	+22	+ 1,13	+ 1
Moyenne			185,96		
F			S		
CV (%)			1,84		
PPDS au seuil de 5%			3,49		

Effet par rapport à T0 = masse de 1000 grains obtenue avec un traitement Tn (n = 1, 2 ; 3, 4, 5) – masse de 1000 grains obtenue avec T0 ; puis (différence/T0) x 100
Effet par rapport à T1 = masse de 1000 grains obtenue avec un traitement Tn (n = 2 ; 3, 4, 5) – masse de 1000 grains obtenue avec T1 ; puis (différence/T1) x 100

Les différentes doses d'engrais minéraux ont permis d'avoir des masses de 1000 grains plus élevées que celle obtenue avec le témoin T0. Ces effets positifs montrent que l'apport d'engrais minéraux a favorisé la migration des éléments nutritifs vers les grains et par conséquent leur grosseur.

Par rapport au témoin relatif T1, les effets obtenus sont négligeables. Ils sont de +0,36 g, - 1,42 g, - 0,95 g, + 1,13 g fournis respectivement par T2, T3, T4 et T5. Ce dernier résultat montre que pour les grains formés sur les jachères améliorées, les différences entre les masses de 1000 grains obtenus sous l'effet des différentes doses d'engrais minéraux ne sont pas statistiquement perceptibles.

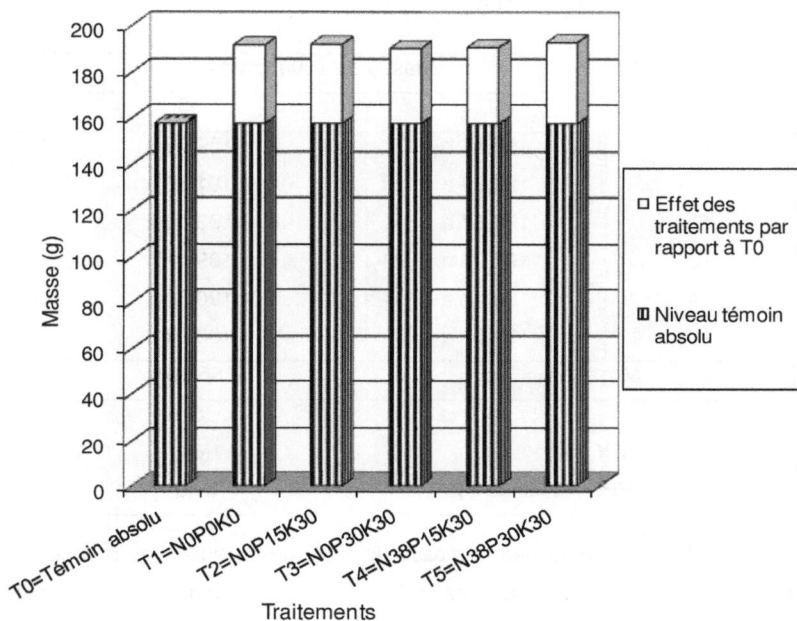

Figure 3.10. Histogramme de la masse de 1000 grains selon différentes doses de fumure minérale

3.6.3. Effet de la combinaison JA et fumure minérale sur la masse de 1000 grains de maïs

Les masses moyennes de 1000 grains formés sous l'action simultanée de la JA et de la fumure minérale sont consignées dans le tableau 3.19 et visualisées par la figure 3.11.

Tableau 3.19. Masse de 1000 grains de maïs sous l'effet de la combinaison JA et fumure minérale

Traitement	Masse de 1000 grains, g	
	J2	J3
T0	155,86 b	159,62 b
T1	192,09 a	191,50 a
T2	190,67 a	193,63 a
T3	191,26 a	189,49 a
T4	190,87 a	190,81 a
T5	192,60 a	193,24 a
Moyenne		185,96
F		S
CV (%)		1,84
PPDS seuil de 5%		3,49

L'analyse statistique montre que la masse de 1000 grains varie très peu suivant les traitements. Les masses de 1000 grains les plus élevées sont obtenues sur les JA avec ou sans fumure minérale. Les plus faibles sont enregistrées au niveau de J2T0 et J3T0.

La masse de 1000 grains étant un facteur technique, elle nous indique que l'utilisation de MO provenant des espèces d'arbres agroforestiers combinée à de petites doses d'engrais minéraux peut améliorer la masse des grains de maïs donc leur contenu en matière sèche.

La masse de 1000 grains étant un critère important pour la détermination de la qualité des semences, il s'avère nécessaire qu'une étude soit conduite à cet effet. Cette étude permettra par exemple de quantifier les émondes à apporter par une jachère améliorée et la dose minimale d'engrais minéraux à appliquer pour avoir des semences viables et de grosseur homogène; tous les autres facteurs de production étant à leur optimum.

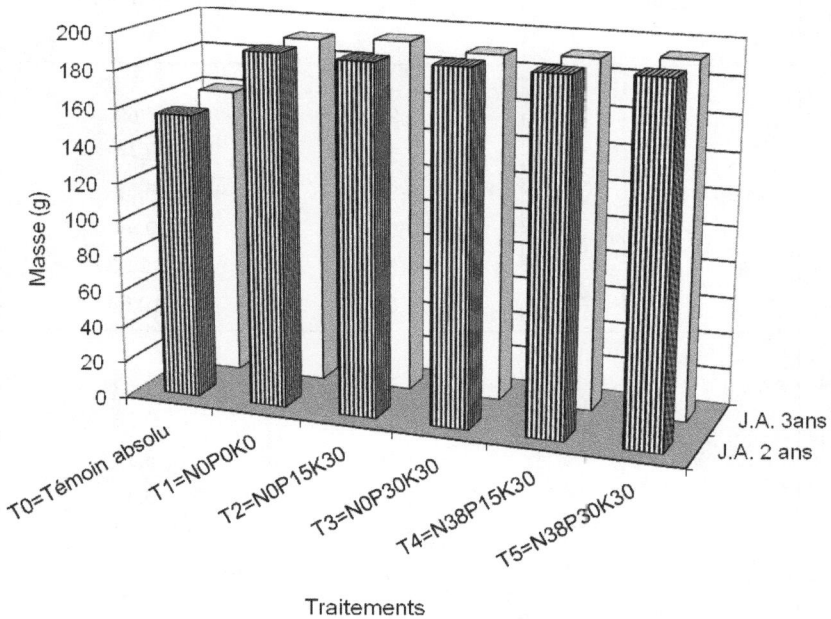

Figure 3.11. Histogramme de la masse de 1000 grains sous l'effet de la combinaison JA et fumure minérale

3.7. Analyse chimique des grains de maïs

Les grains de maïs ont exporté des quantités plus ou moins importantes d'éléments minéraux. Mais seule la teneur en N des grains a été déterminée par dosage au laboratoire. Les résultats sont consignés dans le tableau 3.20.

Tableau 3.20. Teneur des grains de maïs en N et en protéines brutes

Traitement		Teneur en N, %	Teneur en protéines, %
JA de 2 ans	T0	1,23	7,69
	T1	1,51	9,44
	T2	1,37	8,56
	T3	1,51	9,44
	T4	1,60	10,00
	T5	1,68	10,50
JA de 3 ans	T0	1,40	8,75
	T1	1,45	9,06
	T2	1,46	9,13
	T3	1,51	9,44
	T4	1,54	9,63
	T5	1,56	9,75

La teneur en azote des grains de maïs élaborés au niveau des différents traitements est comprise entre 1,23 et 1,68 %. Celle la plus élevée est enregistrée au niveau de J2T5, J2T4, J3T5 et J3T4.

La jachère améliorée seule n'a pas permis d'avoir la teneur la plus élevée des grains en N. Il faut que des doses minimales de N minéral soit apportées afin d'augmenter la teneur des grains en N. C'est ce que révèle J2T5, J2T4, J3T5 et J3T4 qui sont les traitements ayant reçu 38 kg.ha^{-1} de N.

Malgré le déficit hydrique survenu lors de nos essais, la teneur en N des grains de maïs enregistrée au niveau des différents traitements se rapproche plus ou moins de celle signalée par certains auteurs comme l'indique le tableau 3.21.

Tableau 3.21. Teneur en azote des grains de maïs

Teneur en azote des grains de maïs, %			
SOLNER (1996)	FAO (1996)	VAN KEULEN et al (1996)	AGATE (1999)
1,5 à 2	1,2	1,6	1,32 à 1,55

De même que la teneur en N, la teneur des grains de maïs la plus élevée en protéines est observée dans les traitements J2T5, J2T4, J3T5 et J3T4. Ces résultats montrent que l'association JA – fumure minérale à la dose de $N_{38}P_{15}K_{30}$ ou de $N_{38}P_{30}K_{30}$ a favorisé l'enrichissement des grains de maïs en protéines par rapport aux grains récoltés sur les parcelles témoins.

Les teneurs en protéines des grains de maïs élaborés sous l'effet de J2T1 et J3T1 (JA sans fumure minérale) dépassent respectivement celles des grains de J2T0 et de J3T0. Nous pouvons donc déduire de ce dernier résultat que la restauration du sol par la JA et l'utilisation d'engrais vert provenant de celle-ci favorisent :

- la migration de l'azote du sol vers les tissus des plants de maïs ;

- l'accumulation des substances nutritives, en particulier les protéines, dans les organes de réserve des grains de maïs.

L'effet positif de la JA sur la teneur des grains de maïs en protéines a été également démontré par GUEVARRA et al (1978).

3.8. Analyse chimique du sol

A la maturité physiologique du maïs, des échantillons de sol ont été prélevés dans l'horizon 0 – 20 cm et analysés. Les résultats de cette analyse sont consignés dans le tableau 3.22.

Tableau 3.22. Taux de MO et de certains macroéléments du sol en fonction des conditions de nutrition

Traitement		MO (%)	C (%)	N (%)	C/N (%)	Passimila-ble (ppm)	K (méq/ 100 g de sol)
JA de 2 ans	T0	0,72	0,50	0,04	13	32	0,07
	T1	0,86	0,50	0,06	8	35	0,13
	T2	0,82	0,48	0,06	8	35	0,16
	T3	0,89	0,45	0,06	7	35	0,18
	T4	0,88	0,51	0,07	7	32	0,17
	T5	0,98	0,57	0,08	7	29	0,13
JA de 3 ans	T0	0,77	0,45	0,06	8	32	0,05
	T1	0,74	0,42	0,05	8	26	0,06
	T2	0,79	0,43	0,05	9	33	0,11
	T3	0,75	0,44	0,05	9	40	0,16
	T4	0,82	0,48	0,08	7	39	0,15
	T5	0,89	0,52	0,10	5	37	0,13

Sur la jachère de 2 ans, le taux de matière organique du sol est le plus faible sous le traitement J2T0 (0,77 %) et le plus important sous le traitement J2T5 (0,98 %). Sous les autres traitements, le taux de matière organique du sol dépasse 0,80 %. On note donc une faiblesse du taux de matière organique sur la jachère graminéenne par rapport aux autres traitements.

Les émondes apportées par les ligneux et enfouies dans le sol ont permis de relever sensiblement le taux de MO du sol au cours de la période de jachère. La pratique agroforestière qui consiste à enfouir la biomasse des ligneux fertilitaires dans le sol permet de limiter la baisse du taux de MO du sol car celle-ci se transforme en substances humiques plus stables.

Sous la jachère arborée de 3 ans, quand bien même il existe des traitements dont la teneur en MO n'a pas atteint 0,80 %, la teneur la plus faible est toujours enregistrée sous la jachère graminéenne. Sous les autres traitements la teneur en MO reste similaire à celle enregistrée au niveau de la jachère arborée de 2 ans. Les teneurs du sol en N les plus élevées sont enregistrées sous l'effet des jachères améliorées associées aux engrais minéraux à la dose de $N_{38}P_{30}K_{30}$ par rapport au témoin relatif (JA sans fumure minérale). La JA seule n'a pas produit une teneur élevée en N. Il a fallu l'apport d'une dose minimale de fumure minérale pour susciter une teneur en N du sol plus élevé.

La teneur du sol en P assimilable varie peu selon les traitements alors que celle de K est faible au niveau des témoins absolus. On note dans tous les cas une teneur élevée du sol en N, P, et K sur les parcelles de jachère améliorée ayant reçu de petites doses de fumure minérale par rapport à la jachère graminéenne. Nous pouvons dire que les ligneux fertilitaires contribuent à la fertilité des sols ; mais leur action est beaucoup plus efficace si la parcelle sur laquelle ils sont plantés reçoit de petites doses de fumure minérale.

La durée de la jachère peut donc être réduite en améliorant celle-ci par des espèces d'arbres agroforestiers associés à de petites doses de fumure minérales.

Une étude similaire a été réalisée par YOSSI et *al* de 1996 à 1998 mettant l'accent sur « l'influence de la jachère améliorée sur la production fourragère, la fertilité du sol et la production du maïs au Mali Méridional ». Cette étude a révélé que la quantité de carbone organique et d'azote total du sol a varié suivant les différents types de jachère améliorée. Ces jachères ont préalablement bénéficié de 150 kg.ha^{-1} de phosphate naturel de Tilemsi (avec 28 %de P_2O_5). Les résultats de cette étude indiquent que la quantité de carbone organique du sol est de 360 kg.ha^{-1} sur jachère améliorée de *Stylosanthes hamata* remise en culture après deux ans. Ce taux est de 450 kg.ha^{-1} sur jachère naturelle.

La quantité d'azote du sol est de 60 kg.ha^{-1} sur jachère améliorée de deux ans de *Stylosanthes hamata*, 30 kg.ha^{-1} sur jachère naturelle.

YOSSI et *al*, en utilisant du phosphate naturel au cours de leur essai, sont arrivés à augmenter à près de deux fois le taux de carbone organique et d'azote du sol en introduisant des espèces fertilitaires (*Stylosanthes hamata*) dans une jachère de deux ans.

D'autres auteurs tels que MASSE (1998) ont également démontré que la jachère améliorée de courtes durées peut efficacement relever la teneur du sol en MO et en d'autres éléments minéraux.

CONCLUSION

L'utilisation des essences ligneuses pour l'amélioration de la jachère est importante si l'on considère qu'il s'agit d'une ressource riche en bois et en fourrages.

Par ailleurs la végétation ligneuse est le facteur le plus déterminant pour la remontée biologique et la stabilité des écosystèmes. Par le biais de son enracinement et de la chute des feuilles, cette végétation contribue à restituer au sol les éléments minéraux perdus par l'exportation des cultures et par lessivage ou lixiviation au cours de la campagne agricole.

L'association de la jachère améliorée de courte durée aux engrais minéraux pour accroître le rendement du maïs et améliorer la fertilité du sol a donné des résultats encourageants. Sous réserve d'être confirmés en milieu paysan, les assertions suivantes peuvent être dégagées :

- l'amélioration des jachères naturelles par des essences fertilitaires permet de réduire la durée de celles-ci tout en maintenant la fertilité des sols cultivés ;

- la jachère améliorée de 2 ans est préférable à celle de 3 ans car en un temps raisonnable, elle permet d'obtenir un accroissement important du rendement du maïs ;

- les engrais minéraux à la dose de $N_{38}P_{15}K_{30}$ ou $N_{38}P_{30}K_{30}$ apportés au maïs (la dose de PK et la moitié de la dose de N apportées deux semaines après le semis et l'autre moitié de la dose de N, deux semaines avant la floraison) permettent d'obtenir un rendement en grain acceptable. Mais dans les conditions actuelles où les agriculteurs sont confrontés à des difficultés pécuniaires, la dose de $N_{38}P_{15}K_{30}$ est préférable à celle de $N_{38}P_{30}K_{30}$;

- la combinaison « jachère améliorée de 2 ans – engrais chimiques à la dose de $N_{38}P_{15}K_{30}$ apparaît donc prometteuse pour résoudre à la fois les problèmes de dégradation des terres cultivées et de baisse de rendement du maïs dans la Région Maritime du Togo.

Enfin lors de nos essais, nous avons utilisé *Albizia chevalieri*, *Albizia lebbeck*, *Leucaena leucocephala* et *Samanea saman*. D'autres espèces ligneuses locales peuvent être testées dans le cadre de l'amélioration des jachères.

Cette étude ouvre donc la voie à d'autres études postérieures pouvant porter sur :

- La contribution spécifique des espèces ligneuses à l'amélioration des jachères de courte durée.
- La durée de vie des espèces ligneuses dans les jachères améliorées avec apport d'engrais chimiques.
- Les exigences et les contraintes liées à la pratique de la jachère améliorée de courte durée en milieu paysan.

REFERENCES BIBLIOGRAPHIQUES

ADJETE E. (1997) : Effet des résidus de récolte sur la fertilité du sol et le rendement en grain du maïs (*Zea mays* L.) dans un système de rotation culturale ; Mémoire de fin d'Etudes Agronomiques UB, ESA, Lomé ; 70 p.

ADJETEY – BAHUN E. A. (1989) : Elaboration des principes essentiels d'agrotechnique variétale du riz ; Thèse de Doctorat en Sciences Agronomiques ; Lomé ; pp 9 – 16 (version originale en langue russe, Moscou, pp 11 – 17).

ADJETEY – BAHUN E. A. (2001) : Les céréales (Notes de cours) ; UL, ESA, Lomé.

AGATE A. A. (1999) : Effet d'une fertilisation azotée et phosphatée sur la production d'une « association maïs – mucuna » ; Mémoire de fin d'Etudes Agronomiques, UB, ESA, Lomé ; 75 p.

AHONSU K. (1994): Criblage de LUM pour l'agriculture en couloirs sur sols ferrallitiques dégradés ; Mémoire de fin d'Etudes Agronomiques, UL, ESA, Lomé ; 91 p.

AKPAGANA K. (1989) : Recherche sur les forêts denses du Togo, Thèse de Doctorat, Sciences Naturelles, Bordeaux III, 181 p.

ALDRICH S. A., SCOTT W. O. et LENG E. R.(1975) : Modern corn production 2nd edition A. and L. Publications, Champaign, IL, USA; pp 5 – 128.

ALDRICH S. A., SCOTT W. O. et LENG E. R. (1986) : Modern corn production 10th edition A. and L. Publication, Champaign, IL, USA; pp 30 – 45.

ANONYME (1986) : REVUE AGROMAÏS n°48, Lille, Cedex, France ; pp 9 – 15.

ANONYME (1991) : Mémento de l'Agronome, Ministère français de la coopération et du développement, 1635 p.

ARBONNIER M. (2000) : Arbres, arbustes et lianes des zones sèches d'Afrique de l'Ouest, France ; pp 59 – 73.

AUBREVILLE A. (1947) : les brousses secondaires en Afrique équatoriale : Côte d'ivoire – Cameroun – A.E.F, Bois et Forêts des Tropiques, n°2 ; pp 24 – 41.

AYEBOU G. (2002) : Effet de quelques espèces d'arbres agroforestiers sur le rendement en grain du maïs ; Mémoire de fin d'Etudes Agronomiques, UL, ESA, Lomé ; 85 p.

BARBER S. A., OLSON R. A. (1968) : Fertilizer use on corn, Soil Science, Madison, WI, USA; pp 16 – 28.

BARLOY J. (1970) : Les cahiers du maïs. Les engrais de France 130 p.

BATIONO A. et CESCA M. N. (1995) : Corrélation, Satisfaction et Calibration des analyses du sol. Interprétation agronomique des données de sol : un outil pour la gestion des sols et le développement agricole. Ouagadougou, 14 – 16 mai 1995 ; pp 51 – 77.

BAUMER M. (1987) : Systèmes agroforestiers durables pour les tropiques; concepts et exemples adaptés et complémentés en français par M. N. VERSTEEG et A. ETEKA, IITA, Nigeria ; 50 p.

BAUMER M. (1995) : Arbres, arbustes et arbrisseaux nourriciers en Afrique occidentale, ENDA – Edition Dakar, Sénégal ; 260 p.

BERNHARD – REVERSAT F. et SCHWARTZ D. (1997): change in lignin content during litter decomposition in Tropical Forest Soils – Congo: Comparison of exotic plantation and native stands, C.R. Acad. Sci. Paris., Sci. Terre Planètes, n°325 ; pp 427 – 432.

BINKLEY D. , DUNKIN K. A., DEBELL D. et RYAN M. G. (1992) : «Production and nutrient cycling in mixed plantations of Eucalyptus and Albizia in Hawaï », Forest Sciences, vol XXXVII, n°2 ; pp 293 – 408.

BOLI BABOULE Z. (1996) : Fonctionnement des sols sableux et optimisation des pratiques culturales en zone soudanienne humide du Nord – Cameroun (expérimentation au champ en parcelles d'érosion à Mbissiri) ; Université de Bourgogne, Thèse de Doctorat Sciences de la Terre ; 344 p.

BOLI BABOULE Z. et ROOSE E. (1999) : Rôle de la jachère de courtes durées dans la restauration de la productivité des sols dégradés par la culture continue en savane soudanienne humide du Nord – Cameroun in FLORET ch. et PONTANIER R. (2000) : La jachère en Afrique Tropicale. Acte de Séminaire International, Dakar, 13 – 16 avril 1999 ; pp 149 – 154.

BOYELDIEU J. (1980) : Les cultures céréalières, hachette, Paris France pp 5 – 17 et pp 217 – 229.

C.E.E. (1998) : Raccourcissement du temps de jachère, biodiversité et développement durable en Afrique centrale (Cameroun) et en Afrique de l'Ouest (Mali, Sénégal), rapport final projet C.E.E. N°TS3 – CT93 Dakar (Sénégal), ORSTOM ; 245 p.

DE RAISSAC, MARTTON P. et ALPHONSE S. (1998) : Interaction entre plantes de couverture, mauvaises herbes et cultures : quelle est l'importance de l'allélophatie ? Agriculture et développement N°17 mars 1998 ; pp 42 – 49.

DEVRESSE B. et LAWSON A. G. (1998): Fiches techniques des espèces "fertilitaires" utilisées à APAF, Fascicule A 79 p. et Fascicule B 59 p.

DIAW C. M. (1997) : Rural Development forestry Network Paper, Dakar, n°21; 28 p.

DIJKMAN M. J. C. (1950) : *Leucaena glauca*; Promising soil erosion control plant, Econ Bot 4, Hawai ; pp 337 – 349.

DJENONTIN J. et MOUTAHAROU A. (2000) : Introduction de la jachère cultivée dans les systèmes de culture du Bénin septentrional, Rapport annuel INRAB ; pp 10 – 20.

DOUANIO M. et al (2000) : Evolution contemporaine de la place de la jachère dans les savanes cotonnières : cas de Bondoukuy, Burkina Faso, IRD, pp 15-17.

DSID (1997) : Aperçu de l'Agriculture togolaise à travers le pré recensement de 1995, Lomé ; 96 p.

DSID (2000) : Production des principales cultures vivrières de la campagne agricole 1999 – 2000 ; Rapport annuel, Lomé, Togo ; 30 p.

DUPRIEZ H. et de LEENER P. H. (1983) : Agriculture tropicale en milieu paysan africain. Dakar ; ENDA/Paris ; Harmattan/Nivelles Belgique, Terre et Vie ; 280 p.

EICHER C. K. et BAKER D. C. (1984) : Etude de la recherche sur le développement agricole en Afrique subsaharienne, Michigan, I.R.D.C. ; 421 p.

FAO (1983) : Disponibilité de bois de feu dans les pays en développement, Rome, Italie ; 117 p.

FAO (1989) : Stratégies en matière d'engrais, Rome ; 166 p.

FAO (1996) : Etude sur les phosphates naturels du Togo et leur utilisation dans les systèmes de culture. Rapport de service de la gestion de la nutrition des plantes ; 51 p.

FOFANA S., DIALLO A., BARRY A. K. et BOIRO I. (1998-a): «Enlargement and development of tapades by use of compost in the Fouta Djallon, République de Guinée » Plec News and Views n°11. the United Nations University Projet on people, Land Management and Environmental change (PLEC) ; 32 p.

FOFANA S. et DIALLO A. (1998-b) : Rapport d'activités ; Waplec Guinée (West Africa People Land Management and Environmental Change), Cere-Université de Conakry ; 22 p.

GALIANA A., GNAHOUA G. M., CHAUMONT J., LESUEUR D., PRIN Y. et MALLET B. (1998) : « Improvement of nitrogen fixation in *Acacia mangium* through inoculation with rhizobium », Agrofor. Syst., n°40; pp 297 – 307.

GATES C. I. (1970) : Physiological aspects of rhizobial symbiosis in *Stylosonthes humilis, Leucaena leucocephala* and *Phaseolus atropurpurens*, Proc. XI in Grasslands congres; pp 442.

GETAHUN A., WILSON G. F. et KANG B. T. (1982) : The role of trees in farming systems in the humid tropics in Agroforestry in the African Humid Tropics, ed L. H. MacDonald ; pp 28 – 35.

GILLIS M., PERKINS D. H., ROEMER M. et DONALD R. S. (1990) : Economie du développement, Nouveau Horizons ; 734 p.

GIRARD X. et ADRI K. (1992) : Potentialités de la mise en culture pluviale en Afrique subsahélienne, la Goutte d'encre, Montpellier, France ; 35 p.

GUELLY K. A. (1994-a) : Reconquête forestière sur le plateau Akposso (Togo) : stratégies, caractéristiques botaniques et écologiques, JATBA, nouvelle série, vol. XXXVI n°1; pp 5 – 28.

GUELLY K. A. (1994-b) : les savanes des plateaux de la zone forestière subhumide du Togo, Thèse de Doctorat, Paris – VI ; 163 p.

GUELLY K. A., ROUSSSEL B. et GUYOT M. (1993) : Installation d'un couvert forestier dans les jachères de savanes au sud – ouest du Togo, Bois et Forêts des tropiques, n° 235 ; pp 37 – 48.

GUEVARRA A. B., WHITNEY A. S. et THOMPSON J. R. (1978) : Influence of intra – row spacing and cutting regimes on the Growth and yield of *Leucaena*. Agron Trop N°70 ; pp 1033 – 1037.

HURET E. (1985) : Contribution à l'étude de substance humique provenant de matériaux fermentescibles, Gembloux ; pp. 9 – 17.

ICRAF (1987) : Working paper n° 48. Planning National Agroforestry Research, Guidelines for Land use System Description; Nairobi, Kenya ; 74 p.

ICRAF (1991) : Stage de formation ; Recherche en agroforesterie pour le développement, 6 – 24 mai 1991, Nairobi, Kenya ; pp 48 – 52.

IFA (2000) : Maize (*Zea Mays*, L.); Use Manual, Paris France ; 20 p.

IFA et FAO (2000) : Fertilizers and their use ; A pocket guide for extension officers, 4ème édition, Rome ; 70 p.

JONES J. R. (1991) : Toxicité due à la mimosine chez le *Leucaena* in Agroforestry aujourd'hui volume n°3, juillet- septembre 1991, ICRAF, Nairobi, Kenya ; 21 p.

JOUVE P. (1993) : Conditions d'amélioration des jachères en Afrique Tropicale, Rapport d'activités, Projet 7è FED/UE, Dakar, Sénégal ; 36 p.

JUO S. et LAL J. (1977) : Rôles du *Leucaena leucocephala* dans la restauration du carbone organique et d'autres cations échangeables ; Networkpaper, Hawaï ; pp 35 – 48.

KANG B. T., WILSON G. F. et SPIKENS L. (1981) : Alley cropping maize (*Zea mays*, L.) and Leucaena (*Leucaena leucocephala*) in southern Nigeria, Plant and soil, n° 63 ; pp 165 – 179.

KANG B. T. et DUGUMA (1985) : Nitrogen management in alley cropping system- in Proceeding of the international sympodium on nitrogen management in the tropics. I.B. Haem AFNETA vol n°1, Juillet 1989, IITA, Ibadan ; 62 p.

KEKEH T. K. (2000) : Effet de l'amendement organique sur l'efficacité des engrais phosphatés et potassiques dans l'élaboration du rendement du maïs (*Zea mays* L.) Mémoire de fin d'Etudes Agronomiques, UL, ESA, Lomé ; 56 p.

KOKOU K. et *al* (1999) : in FLORET ch. et PONTANIER P. (2000) : La jachère en Afrique tropicale, Rôles, Aménagement, Alternatives, Actes du Séminaire International, Dakar, 13 – 16 avril 1999 ; pp 400 – 406.

LALE, WILSON G. F. et OKIGBO B. N. (1979) : "changes in properties of an Alfisol produced by various crop covers", soil science, n° 127: pp 377 – 382.

LAMBONI D. R. (1999) : Effet de l'amélioration du sol par le mucuna sur l'efficacité des engrais azoté et phosphaté : Cas de l'association maïs – mucuna dans la Région Maritime, Mémoire de fin d'Etudes Agronomiques, UL, ESA, Lomé ; 108 p.

LO M. (1992) : Cours d'Agroforesterie ; CARAT, Dakar/ CNFTEFCPN, Ziguinchor, Centre d'Edition, de Reproduction et de Diffusion de Documents Pédagogiques (CERDP), Dakar, Sénégal ; 66 p.

MASSE D. (1998) : « importance des divers groupes fonctionnels sur le fonctionnement des jachères courtes » in C.E.E.(1998) : pp 163 – 201.

MULLEN B. F. et BRAY R. A. (1998) : *Leucaena* – Adaptation, quality and farming systems, Aciar Proceedings n° 86, International Workshop on Hanoi (Vietnam), 9 – 14 février 1998, R. C. Gutteridge, H. M. Shelton; pp 16 – 33.

NATIONAL ACADEDY PRESS (1984) : *Leucaena*: Promisng forage and tree crop for the tropics, 2nd edition; Washington D.C. 100 p.

N'GORAN A. (1995) : Intégration des Légumineuses dans la culture du maïs comme moyen de maintien de la fertilité des sols et de la lutte contre l'enherbement ; Rapport de la 2ème réunion du Comité Ad Hoc de recherche du Wecaman, Ibadan, Nigeria, USAID – IITA ; pp 163 – 171.

NIANG A., DE WOLF J., JAMA B. et AMADALO B. (2000) : Fallows in Western Kenya: Presence, Importance and role in the farming system, networkpaper, vol I; pp 7 – 16.

NOUNAMO L. et YEMEFACK M. (1997): Shifting cultivation in the evergreen forest of southern Cameroon, Tropenbos Cameroon; 36 p.

PRAT C. (1990) : « Relation entre érosion et systèmes de production dans le bassin – versant sud du lac Mangua (Nicaragua) », cah. ORSTOM, sér Pédol, vol XXV, n°1 – 2; pp 171 – 182.

OBI J. K. et TULEY P. (1973) : The Bush fallow and ley farming in the Oil Palm Belt of Southern, Nigeria ; Miscellanneous Rort 161 ; London- Overseas Development Ministry; pp 7 – 19.

OKIGBO B. N. (1983): Plants and Agroforestry in land use systems of West Africa. In Plant Research in Agroforestry, ed. P. A. Huxley, ICRAF, Nairobi, Kenya ; pp 25 – 41.

PREVOST M. F. (1981) : Présence de graines d'espèces pionnières dans le sol de forêts primaires de Guyane, Bulletin Ecerex, n°3 ; pp 56 – 61.

RODET J-C. (1978) : Vous ne pouvez plus ignorer l'agriculture biologique, édition Camugli, Lyon, France ; pp 19 – 29.

RAUNET M. (1973) : Contribution à l'étude pédoagronomique des « terres de barre » du Dahomey et du Togo in Agron. Trop. 28 (1) : 1049 – 1069.

ROUANET G. (1990) : Le maïs ; éd. Maisonneuve et Larose, Paris, France ; 142 p.

RUTUNGA A. (1991) : Propositions pour la gestion de la fertilité des sols : Cas des sols ferrallitiques acides du Rwanda ; Rapport d'essais agroforestiers, Rwanda ; 59 p.

SANGINGA et al (1989) : Nitrogen contribution of Leucaena / Rhizobium symbiosis to soil and subsequent maize cwp Plant soil ; pp 10 – 20.

SERPENTIE I. (2000) : in FLORET ch. et PONTANIER R. (2000) : La jachère en Afrique Tropicale, Rôles, Aménagement, Alternatives, Actes du Séminaire International, Dakar, 13 – 16 avril 1999 ; p 46.

SIGAUT F. (1993) : « La jachère dans les agricultures pré – contemporaines de l'Europe » in FLORET Ch. et SERPENTIE I. (éd, 1993) ; pp 113- 123.

SOLTNER D. (1982) : Les bases de la production végétale. Tome1. Le sol et son amélioration, 11ème édition, collection « Science et Techniques Agricoles », Sainte Gemme, Sur – Loire ; 456 p.

SOLTNER D. (1996) : Les bases de la production végétale : Le sol et son amélioration ; Phytotechnie Générale ; 463 p.

TOSSAH K. et TAMELOKPO F. A. (1990) : Agriculture en couloirs ; Expérience du Togo, Projet AFNETA, INS, Lomé ; 39 p.

TULAPHITAK T., PAIRINTRA C. et KYUMA K. (1985) : « Change in soil fertility and tilth under shifting cultivation : Changes in soil nutrient status », Soil Sci. Plant Nutr., vol XXXII, n°2 ; pp 239 – 249.

VAN KEULEN H., VAN DUIVENBOODEN N. et DE WIT C. T. (1996): Nitrogen, phosphorus and potassium relations in five major cereals reviewed in respect to fertilizer recommandations using similation modelling; Fert. Res. 44; pp 30 – 49.

YATTARA I. (1996) : Les rhizobia des jachères : Etude économique et valorisation pour l'amélioration de la fertilité des sols au Mali. Isolement et sélection des souches efficientes, Rapport d'étape n°1, Projet FED7 A.C.P.R.P.R. 269, Bamako, (Mali), I.E.R./ ORSTOM ; 12 p.

YOSSI H., KAYA B. et SANOGO M. (1996) : La jachère améliorée au Mali Méridional : Influence sur la production fourragère, la fertilité du sol et la production du maïs in FLORET ch. et PONTANIER R. (2000) : La jachère en Afrique Tropicale, Rôles, Aménagement, Alternatives, Actes du Séminaire International, Dakar, 13 – 16 avril 1999 ; pp 46 – 58.

YOUNG A. (1995) : L'agroforesterie pour la conservation du sol. C.T.A. Wageningen, Pays-Bas; 194 p.

ANNEXES

Tableau A1 : Calendrier cultural de l'essai « Association JA – Fumure minérale – Maïs »

Date	Opération effectuée
15 – 19/03/03	Défrichement
20 – 29/03/03	Elagage des haies de ligneux
10, 11 et 14 – 18/03/03	Pesée et enfouissement de la biomasse foliaire issue des arbres agroforestiers Labour
28/03/03	Semis du maïs
12/05/03	1er sarclage + 1er épandage d'engrais (urée, SPT, KCl)
25/05/03	2ème élagage des rejets d'arbres agroforestiers
15/06/03	2ème sarclage + 2ème épandage d'engrais (urée + KCl)
20/06/03	3ème élagage des rejets d'arbres agroforestiers
22/06/03	Mesure de hauteur des plants de maïs à la floraison (55 jours après le semis)
23/06/03	Comptage du nombre de feuilles par plant de maïs à la floraison
21/07/03	Mesure de hauteur des plants de maïs à maturité physiologique (84 jours après le semis)
06/08/03	Récolte
13/08/03	Prélèvement d'échantillons de paille et de grains de maïs

Tableau A2 : Les quantités d'engrais épandues

Type d'engrais	Dose kg.ha^{-1}	Quantité, g / parcelle (24m^2)	Nombre de parcelles	Quantité totale, kg
Urée (46 %N)	38 N	198,26	16	3,172
TSP (46 % P$_2$O$_5$)	15 P	78,26	16	1,252
	30 P	156,52	16	2,504
Kcl (60 % K$_2$O)	30 K	120	32	3,840

Tableau A3 : Hauteur moyenne des plants de maïs au début de la floraison

Traitement		Bloc				Total traitement, m	Moyenne traitement, m
		I	II	III	IV		
Jachère améliorée de 2 ans	T0	1,04	1,07	0,93	1,01	4,05	1,01
	T1	1,78	1,86	1,69	1,68	7,29	1,82
	T2	1,46	1,76	1,83	1,59	6,69	1,67
	T3	1,69	1,84	1,96	1,83	7,32	1,83
	T4	1,46	1,80	1,58	1,87	6,71	1,68
	T5	1,64	1,75	1,74	1,75	6,88	1,72
Jachère améliorée de 3 ans	T0	0,94	0,63	1,01	1,07	3,64	0,91
	T1	1,82	1,63	1,81	1,47	6,73	1,67
	T2	1,80	1,57	1,55	1,74	6,66	1,69
	T3	1,89	1,27	1,97	1,64	6,77	1,67
	T4	1,90	1,56	1,67	1,58	6,70	1,68
	T5	1,88	1,88	1,28	1,88	6,92	1,73
Moyenne générale							1,59

Tableau A4 : Analyse statistique de la hauteur moyenne des plants de maïs au début de la floraison

Source de variation	ddl	SCE	CM	Fobs	Fthéo 0,05
Bloc	3	0,03	0,01	0,09	9,28
Jachère (J)	1	0,05	0,05	0,45 ns	10,1
Erreur (a)	3	0,33	0,11		
Totale parcelle	7	0,41			
Fumure minérale (F)	5	3,87	4,78	159,33**	2,53
Interaction (J x F)	5	2,04	0,40	13,33**	2,53
Erreur (b)	30	0,81	0,03	-	
Totale sous – parcelle	47	5,13			

** Hautement significatif

CV_1 (%) = 20,85

$PPDS_1$ (5%) = 0,75

CV_2 (%) = 10,89

$PPDS_2$ (%) = 0,18

Tableau A5 : Hauteur moyenne des plants de maïs à la maturité physiologique

Traitement		Bloc				Total traitement, m	Moyenne traitement, m
		I	II	III	IV		
Jachère améliorée de 2 ans	T0	1,24	1,34	1,30	1,25	5,15	1,28
	T1	1,93	1,91	1,97	1,85	7,67	1,92
	T2	1,58	1,85	1,81	1,75	7,00	1,92
	T3	1,76	1,85	1,98	1,95	7,55	1,89
	T4	1,54	1,89	1,78	1,91	7,12	1,78
	T5	1,67	1,84	1,79	1,81	7,11	1,78
Jachère améliorée de 3 ans	T0	1,23	1,15	1,27	1,35	4,99	1,25
	T1	1,86	1,74	1,85	1,61	7,06	1,77
	T2	1,80	1,73	1,68	1,82	7,03	1,75
	T3	1,89	1,49	2,04	1,71	7,13	1,78
	T4	1,88	1,72	1,76	1,71	7,07	1,77
	T5	1,89	1,93	1,48	1,94	7,24	1,80
Moyenne générale							1,71

Tableau A6 : Analyse statistique de la hauteur moyenne des plants de maïs à la maturité physiologique

Source de variation	ddl	SCE	CM	Fobs	Fthéo 0,05
Bloc	3	0,01	0,003	0,06 ns	9,28
Jachère (J)	1	0,03	0,03	0,64 ns	10,1
Erreur (a)	3	0,14	0,047	-	
Totale parcelle	7	0,18			
Fumure minérale (F)	5	1,36	0,272	18,13**	2,53
Interaction (J x F)	5	0,62	0,124	8,27**	2,53
Erreur (b)	30	0,44	0,015	-	
Totale sous – parcelle	47	2,60			

** Hautement significatif

CV_1 (%)= 12,67

$PPDS_1$ (5 %) = 0,49

CV_2 (%) = 7,16

$PPDS_2$ (5%) = 0,13

Tableau A7 : Nombre moyen de feuilles par plant de mais à la floraison

Traitement		Bloc				Total traitement, u	Moyenne traitement, u
		I	II	III	IV		
Jachère améliorée de 2 ans	T0	10,00	9,90	10,44	10,90	41,24	10,31
	T1	12,90	12,50	11,40	11,50	48,30	12, 08
	T2	10,80	11,30	11,40	10,80	44,30	11,08
	T3	10,80	11,60	10,90	12,11	45,40	11, 35
	T4	10,40	11,70	11,60	11,90	45,60	11, 40
	T5	12,00	11,10	12,11	11,44	46,64	11,66
Jachère améliorée de 3 ans	T0	9,10	9,22	9,60	10,00	37, 92	9,48
	T1	11,22	10,60	10,70	9,90	42,42	10,61
	T2	11,90	10,80	11,22	10,33	44,05	11,01
	T3	11,90	9,90	11,60	10,33	43,70	10,93
	T4	11,70	11,00	10,90	10,11	43,71	10,93
	T5	11,30	11,60	10,90	11,90	45,70	11,43
Moyenne générale							11,02

Tableau A8 : Analyse statistique du nombre de feuilles par plant de maïs

Source de variation	ddl	SCE	CM	Fobs	Fthéo 0,05
Bloc	3	1,6	0,53	1,83 ns	9,28
Jachère (J)	1	5,17	5,17	17,83 **	10,1
Erreur (a)	3	0,87	0,29	-	
Totale parcelle	7	7, 64			
Fumure minérale (F)	5	13,41	2,69	6,73 **	2,53
Interaction (J x F)	5	1,45	0,29	0, 73 ns	2,53
Erreur (b)	30	11,92	0,40	-	
Totale sous – parcelle	47	34,42	-		

** Hautement significatif

CV_1 (%) = 4,89

$PPDS_1$ (5 %) = 1,21

CV_2 (%) = 5,74 %

$PPDS_2$ (5 %) = 0,65

Tableau A9 : Rendement moyen en paille du maïs

Traitement		Bloc				Total traitement, t/ha	Moyenne traitement, t/ha
		I	II	III	IV		
Jachère améliorée de 2 ans	T0	2,11	2,33	2,33	2,67	9,44	2,36
	T1	5,90	6,44	8,67	8,44	29,45	7,36
	T2	4,97	7,33	9,22	7,11	30,82	7,16
	T3	6,98	9,17	7,56	7,11	30,82	7,70
	T4	5,56	6,61	6,11	6,89	25,4	6,29
	T5	7,22	7,33	7,83	10,44	32,82	8,21
Jachère améliorée de 3 ans	T0	2,67	3,13	2,93	2,75	11,48	2,87
	T1	4,99	6,54	6,44	5,39	23,36	5,84
	T2	5,23	6,15	5,00	4,90	21,28	5,32
	T3	6,05	6,70	5,89	5,67	24,31	6,08
	T4	5,00	6,16	3,89	7,39	22,44	5,61
	T5	7,81	7,89	6,74	7,45	29,92	7,50
Moyenne générale							6,10

Tableau A10 : Analyse statistique du rendement moyen en paille du maïs

Source de variation	ddl	SCE	CM	Fobs	Fthéo 0,05
Bloc	3	7,33	2,44	1,24	9,28
Jachère (J)	1	16,11	16, 11	8,22 ns	10,1
Erreur (a)	3	5,89	1, 96	-	
Totale parcelle	7	29,3	-	-	
Fumure minérale (F)	5	114,88	22,98	28,36**	2, 53
Interaction (J x F)	5	8,45	1,69	2,08 ns	2,53
Erreur (b)	30	24,31	0,81	-	
Totale sous – parcelle	47	176,97	-		

** Hautement significatif

CV_1 (%) = 23,57

$PPDS_1$ (5 %) = 3,15

CV_2 (%) = 15,16

$PPDS_2$ (5 %) = 0,92

Tableau A11 : Rendement moyen en grain de maïs

Traitement		Bloc				Total traitement, t/ha	Moyenne traitement, t/ha
		I	II	III	IV		
Jachère améliorée de 2 ans	T0	0,44	0,44	0,67	0,56	2,11	0,53
	T1	2,78	3,22	1,97	3,33	11,66	2,92
	T2	1,89	3,11	3,56	3,10	11,66	2,92
	T3	2,44	3,06	2,22	3,28	11,00	2,75
	T4	3,89	3,94	3,44	3,78	14,05	3,51
	T5	3,33	2,78	3,39	4,44	13,94	3,49
Jachère améliorée de 3 ans	T0	0,67	0,56	0,67	0,44	2,34	0,59
	T1	2,78	2,78	2,33	2,39	10,28	2,57
	T2	2,78	2,78	2,56	2,78	10,90	2,73
	T3	2,33	2,75	2,99	2,11	10,18	2,55
	T4	2,89	2,39	2,99	2,11	11,55	2,89
	T5	2,99	3,11	3,14	4,05	13,29	3,32
Moyenne générale							2,56

Tableau A12 : Analyse statistique du rendement moyen en grain de maïs

Source de variation	ddl	SCE	CM	Fobs	Fthéo 0,05
Bloc	3	1,21	0,40	1,54	9,28
Jachère	1	0,72	0,72	2,77 ns	10,1
Erreur (a)	3	0,77	0,26	-	
Totale parcelle	7	2,70			
Fumure minérale	5	41,96	8,39	52,44 **	2,53
Interaction (J x F)	5	0,52	0,10	0,63 ns	2,53
Erreur (b)	30	4,90	0,16	-	
Totale sous – parcelle	47	50,10	-		

** Hautement significatif

CV_1 (%) = 19,92

$PPDS_1$ (5%) = 1,14

CV_2 (%) = 15,63

$PPDS_2$ (5%) = 0,41

Tableau A13. Masse de 1000 grains des récoltes

Traitement		Bloc				Total traitement, g	Moyenne traitement, g
		I	II	III	IV		
Jachère améliorée de 2 ans	T0	149,30	154,34	160,08	159,70	623,42	155,86
	T1	192,10	189,88	193,26	193,10	768,34	192,09
	T2	184,68	191,50	194,96	191,52	762,66	190,67
	T3	189,84	190,54	192,30	192,36	765,04	191,26
	T4	191,14	188,92	192,32	191,08	763,46	190,87
	T5	189,64	190,96	192,90	196,88	770,38	192,60
Jachère améliorée de 3 ans	T0	160,28	156,46	153,40	168,34	638,48	159,62
	T1	192,20	196,46	190,30	187,02	765,98	191,50
	T2	196,14	192,68	195,54	190,14	774,50	193,63
	T3	196,64	183,22	188,02	190,06	757,94	189,49
	T4	193,22	189,58	188,12	192,32	763,24	190,81
	T5	194,42	191,68	196,34	190,50	772,94	193,24
Moyenne générale							185,96

Tableau A14. Analyse statistique de la masse de 1000 grains des récoltes

Source de variation	ddl	SCE	CM	Fobs	Fthéo 0,05
Bloc	3	33,85	11,28	0,28 ns	9,28
Jachère	1	8,15	8,15	0,20 ns	10,1
Erreur (a)	3	122,17	40,72	-	
Totale parcelle	7	164,18			
Fumure minérale	5	7686,91	1537,38	131,40**	2,53
Interaction (J x F)	5	41,71	8,34	0,71 ns	2,53
Erreur (b)	30	351,02	11,70	-	
Totale sous – parcelle	47	8243,82	-		

** Hautement significatif

CV_1 (%) = 3,43

$PPDS_1$ (5%) = 10,15

CV_2 (%) = 1,84

$PPDS_2$ (5%) = 3,49

www.ingramcontent.com/pod-product-compliance
Lightning Source LLC
Chambersburg PA
CBHW021114210326
41598CB00017B/1440